Manish Shah

ESR Une introduction

Manish Shah

ESR Une introduction

La résonance électronique

ScienciaScripts

Cover image: www.ingimage.com

This book is a translation from the original published under ISBN 978-620-2-67641-0.

Publisher:
Sciencia Scripts
is a trademark of
International Book Market Service Ltd., member of OmniScriptum Publishing Group
17 Meldrum Street, Beau Bassin 71504, Mauritius
Printed at: see last page
ISBN: 978-620-2-75699-0

ESR : une introduction

-m.k.shah

Table des matières

RÉSONANCE DE SPIN ÉLECTRONIQUE

Introduction

La spectroscopie par résonance de spin électronique (RSE) est utilisée depuis plus de 50 ans pour étudier une variété d'espèces paramagnétiques. La résonance de spin électronique (ESR), également connue sous le nom de résonance paramagnétique électronique (RPE), est une technique spectroscopique utilisée pour l'étude des systèmes dont le spin électronique n'est pas apparié (c'est-à-dire le corps paramagnétique). Il s'agit essentiellement de la transition entre les niveaux de Zeeman qui peut se produire lorsqu'une substance paramagnétique est placée dans un champ magnétique et, à un moment donné, exposée à des radiations électromagnétiques. L'intensité du champ magnétique est de 3×103 G, l'absorption résonante se produit à environ 9×103 mc/s ou 0,3 cm-1 se situe dans la région des micro-ondes. Le rayonnement RPE est de fréquence micro-ondes (en Giga Hz, c'est-à-dire ^{109} Hz). L'EPR a été observée pour la première fois en 1944 par le scientifique Zavoisky. La résonance électronique de spin joue des rôles complémentaires dans l'élucidation de la structure d'un complexe de coordination.

Principe

La résonance de spin électronique est un phénomène dans lequel le rayonnement électromagnétique de fréquence micro-onde (longueur d'onde = 10-1-100cm) est absorbé par une molécule, des ions ou des atomes possédant des électrons de spin non apparié sous l'influence d'un champ magnétique externe. Ces composés possédant des électrons non appariés présentent un para-imagnétisme de masse, ce phénomène est donc appelé résonance paramagnétique électronique (RPE) ou parfois aussi spectroscopie EMR (résonance magnétique électronique).

Les types de systèmes suivants, qui sont tous essentiellement paramagnétiques, peuvent être étudiés par cette technique.

(a) Atomes et molécules ayant un nombre impair d'électrons, c'est-à-dire
Hydrogène atomique, NO, radicaux libres CH3- etc.

(b) Ions ayant des enveloppes électroniques internes à champ partiel (d- ou
f- coquilles) comme les ions des groupes de métaux de transition, les terres rares et les actinides.

(c) Un petit nombre de molécules ayant un nombre pair d'électrons mais un moment angulaire résultant (c'est-à-dire un état de base triplet) comme O2\

(d) Molécules à l'état de base diamagnétique, mais à l'état de triplet à faible ponte, qui peuvent être peuplées dans certaines conditions.

(e) Centres de couleur et

(f) Métaux et semi-conducteurs dont la résonance est causée par les électrons de conduction.

Les systèmes qui ne peuvent pas être étudiés par l'ESR sont appelés systèmes **silencieux de l'ESR.**

Théorie de base

A. Électron libre

Tout électron dans une orbite qui est attaché à un noyau aura deux types de mouvements, c'est-à-dire qu'il y a deux types d'interactions environnementales qui sont généralement importantes dans le spectre ESR d'un radical libre :

1) Rotation le long de l'orbite

2) Tournez autour de l'électron lui-même

Par électron libre, on entend l'électron qui n'a que le spin et qui n'est pas attaché au noyau. Même si les électrons libres sont rendus possibles dans un tube à décharge, les électrons libres du tube qui sont définis sont imaginaires. Un tel électron libre dans l'espace est potentiellement dégénéré, c'est-à-dire que son spin peut avoir été soit +1/2 soit -1/2. Sous l'influence d'un champ magnétique, les électrons potentiellement dégénérés seront divisés en niveaux *ms* avec des valeurs *ms de* +1/2 et -1/2 en raison de l'effet Zeeman. Comme nous étudions l'effet sur un électron, les niveaux "*ms*" avec des valeurs *ms de* -1/2 seront déplacés vers la position inférieure et ceux avec +1/2 seront déplacés vers la position supérieure en raison de l'effet Zeeman, ce qui donne une forme standard du type suivant.

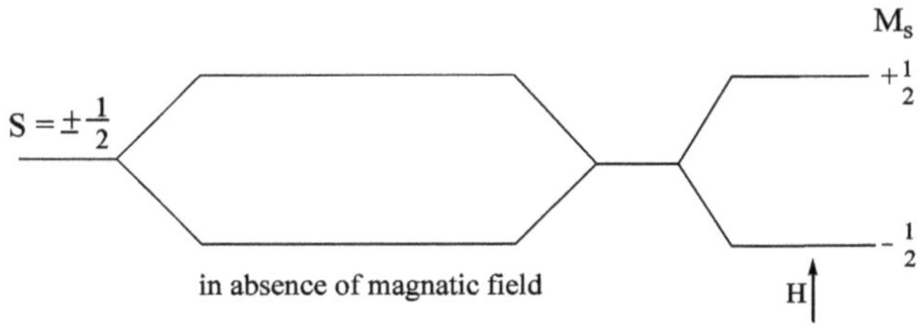

Après l'absorption de h, l'vélectron ayant un spin opposé au champ magnétique externe H, bascule, et le spin est toujours réversible.

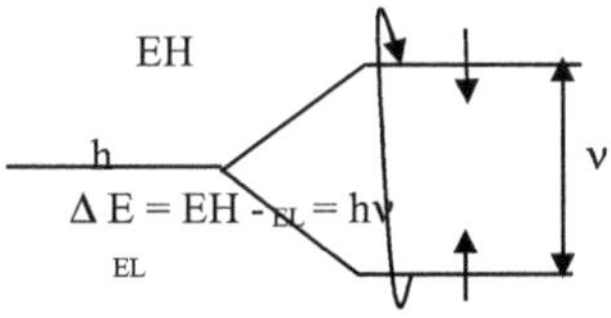

Il s'agit d'une condition de résonance (processus), qui donne le spectre de l'ESR

EN GENERAL

En l'absence de champ magnétique externe, on ne peut observer qu'un seul niveau d'énergie, c'est-à-dire un état d'énergie de spin doublement dégénéré. Cela signifie que deux niveaux d'énergie occupent le même état d'énergie.

Lorsque le champ magnétique externe est appliqué, la dégénérescence est supprimée -

$ms = -½$, Non - dégénéré niveau inférieur ou état d'énergie inférieur a un tel moment magnétique de spin qui s'aligne avec le champ magnétique appliqué et

$ms = +½$, Non - dégénéré niveau supérieur ou état de haute énergie a un tel moment magnétique de spin qui s'oppose au champ magnétique appliqué

B. Calcul des énergies des niveaux de Zeeman

Un électron a un moment angulaire interionique ou un spin, et un électron en rotation qui lui est associé, un moment μ_e magnétique, donné par l'équation suivante

$\mu_e = {}_{ge}-\beta S$ (1 -----------------------)

Où

${}_{ge}$ = facteur g des électrons, le schéma de division de Lande ou Lande

Le modèle de dédoublement spectroscopique ou L-spectroscopique modèle

${}_{ge}$ = 2,0023(pour un électron libre),

Dans l'ESR, il est habituel de mesurer le facteur g. Certains ions de transition tels que le cobalt (Co2+) et le cuivre (Cu2+) ont des valeurs de g qui diffèrent sensiblement de g = 2, mais les radicaux libres ont des valeurs assez proches de g = 2,0023 qui caractérise un électron libre.

β = Electronic Bohr Magneton (l'unité du moment magnétique de l'électron qui tourne)

$$= \frac{e\hbar}{2m_e c} = 9{,}2731\times10\text{-}21 \text{ erg-G}^{-1}(\text{erg/gauss})$$

Si l'électron est placé dans un champ magnétique, H appliqué dans la direction z, l'interaction entre μ_e & H est représentée par l'hamiltonien (Ĥ)

$\hat{H} = -\mu_e H$ ---------------------- (2)

mettre la valeur de de de l' μ_e équation (1), dans l'équation (2)

Nous avons ....

$\hat{H} = {}_{ge}\beta_H \quad \hat{S}_z$ (3----------------------)

Où $\hat{S}_z$ est le vecteur de moment angulaire de spin Hamiltonien. Pour un électron, l'état le plus bas correspond à *ms* = –½, désigné par /β> et l'état le plus élevé correspond à *ms* = +½, désigné par /∝>.

À première vue, on pourrait s'attendre à ce que le spectre de résonance d'un électron non apparié soit toujours le même, mais ce n'est pas le cas car le comportement magnétique de l'électron est modifié par son environnement. Cette modification de la résonance par l'environnement nous permet d'apprendre quelque chose sur la structure du matériau étudié.

Maintenant.....

Lorsque Ŝz fonctionne sur∝

<∝>Ŝz = × ∝<∝>

eigen eigen

f onction de valeur

∴ Ŝz ½ <±>±= ½ × <±½>

<∝> Ŝz = + ½ ×

Ŝz β<>– = ½ × <β>

∴Énergie de $ms_{-½}$ = $E_{-½}$ = +gβH × –½ = –½ gβH

$ms_{+½}$ = $E_{+½}$ = + gβH × ½ = + ½ gβH

En général, E = gβH × *ms*

La séparation énergétique des composants et donc l'énergie de la transition de résonance est

$\Delta E = g\beta H\ (\frac{1}{2} - (-\frac{1}{2})) = g\beta H\ ($ 4)--------------------
Lorsqu'un rayonnement électromagnétique d'énergie νh est traversé, la seule absorption d'énergie par les électrons a lieu à $g\beta H = h\nu$
Cette absorption d'un quantum de rayonnement fait la transition entre les deux niveaux de M_s.

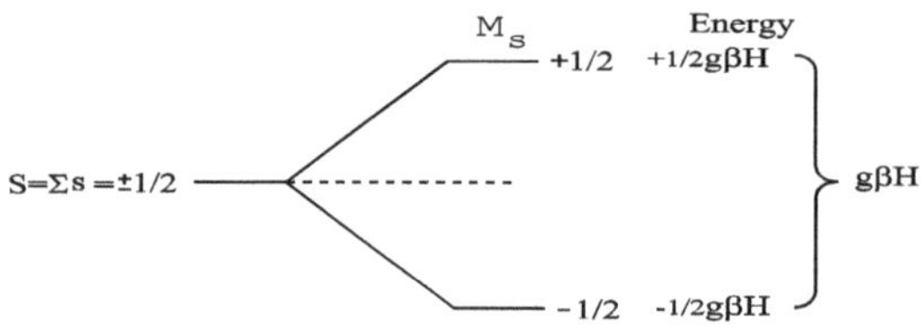

Figure. Le diagramme du niveau d'énergie d'un électron dans un champ magnétique

Valeur "g" et facteurs affectant la valeur "g

Détermination de la valeur "g

$\Delta E = g\beta H$ etΔ $E = h\nu$, donc $h\nu = g\beta H$

On peut écrire $g = \dfrac{h\nu}{BH}$

Le héros de l'ESR est le facteur "g" qui dépend de la variable H & . $g\nu$ peut être obtenu en résolvant cette équation, si la fréquence (dans la région des micro-ondes) du champ magnétique (H) est connue, cela peut être fait à partir des données expérimentales données ci-dessous

ex. H = 3250 gauss et ν= 9,114 $\times^{109}$ cycle/sec

$$g = \frac{h\nu}{BH} = = \frac{6.62517\times10^{-27} erg\sec\times 9.114\times10^{9} cycle/\sec}{0.92731\times10^{-20}\times erg/gauss\times 3250 gauss} 2.00$$

Mais, si la fréquence des micro-ondes n'est pas connue, alors le spectre peut être calibré avec le radical libre diphénylpicrylhydrazil (DPPH) pour lequel g = 2,0036 et la valeur de g peut être calculée à l'aide de l'équation suivante.

$g = 2{,}0036(1-\delta H/H)$

où,δ H = Différence entre le champ magnétique (H) de l'échantillon et la DPPH.

La déférence δH est –ev si l'échantillon a son centre dans un champ magnétique inférieur à celui de la DPPH et +ev s'il est supérieur à celui de la DPPH. Ainsi, à partir de l'équation ci-dessus, nous pouvons facilement comprendre que la –valeur ev de δH donne g> 2 et la valeur +ev de δH donne g< 2.

Facteurs affectant la valeur "g

La valeur "g" (facteur de division de Lende) d'un électron libre est de 2,0023 car elle est dimensionnellement moins constante. La plupart des radicaux libres ont une valeur "g" de 2,0023 ± 0,003. Cela est dû au fait que dans les radicaux libres, le e n'⁻est pas limité à une orbite localisée mais peut se déplacer librement au-dessus de l'orbite. D'autre part, dans les complexes de métaux de transition, le e est⁻ localisé sur une orbite particulière et, en raison du couplage du moment angulaire de spin avec le moment angulaire orbital, la valeur "g" diffère de 2,0023 et donne une valeur selon l'équation suivante,

$$g = \frac{3}{2} + \frac{S(S+1)-L(L+1)}{2J(J+1)}$$ [Gratuit e⁻ S=1\2,L=0, nous obtenons g=2]

Or

$$g = \frac{1}{2} + \frac{J(J+1)S(S+1)-L(L+1)}{2J(J+1)}$$

Où ,S = Nombre quantique du moment angulaire total du spin
L = moment angulaire orbital total Q. N.
J = Moment angulaire total Q. N. = (L+S)
g = facteur de partage de Lande

Cela fait de la valeur "g" une propriété caractéristique d'un ion de métal de transition et de son état d'oxydation, et nous pouvons en tirer des informations très importantes sur la structure du complexe.

En général, la magnitude de "g" dépend de l'orientation de la molécule contenant un e impair par rapport⁻ au champ magnétique. En solution ou en phase gazeuse, en raison de la chute rapide des molécules, la valeur "g" est calculée en moyenne sur toutes les orientations, qui sont désignées par gav. Mais dans un cristal, en raison du mouvement restreint de la molécule, la valeur diffère selon l'orientation. Si l'ion paramagnétique est situé dans un champ cubique, c'est-à-dire octaédrique ou tétraédrique, la valeur "g" dans cet environnement est dite **isotrope**. Comme dans ce type de molécule, la valeur "g" ne dépend pas de l'orientation du cristal, car les longueurs des liaisons métal-ligand sont identiques le long des trois axes cartésiens, c'est-à-dire gx = gy = gz, identiques dans toutes les directions. Mais dans le champ cristallin de symétrie inférieure, la valeur "g" dépend de l'orientation. Par exemple, dans le complexe octaédrique tétragonal déformé, la valeur "g" est **anisotrope, ce qui** signifie qu'elle n'est pas la même dans toutes les directions. La valeur "g" anisotrope est une quantité tensorielle avec des composantes "g", par exemple gxx, gxy, gyz, gyy, etc. Dans ce "g", les composantes gxx, gyy et gzz sont les valeurs le long des axes x, y et z et sont appelées valeurs de principe g. La valeur "g" peut être exprimée comme la résultante des trois composantes qui sont dans des directions mutuellement perpendiculaires (⊥), c'est-à-dire dans une symétrie tétragonale gzz = g||, de la même manière que gx = gy = g.⊥La terminologie et ||⊥se réfère à la direction parallèle et perpendiculaire au champ magnétique externe. Le gav est lié à g|| et g⊥ comme ci-dessous.

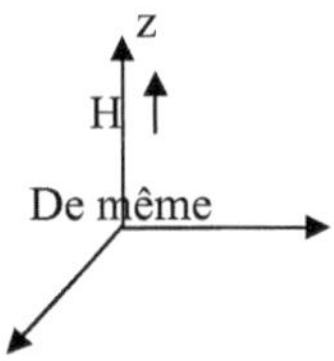

$$g_{av} = \frac{g_{||} + 2g_{\perp}}{3}$$

$$A_{av} = \frac{A_{||} + 2A_{\perp}}{3}$$

(A = constante de dédoublement hyperfine (HSC))

Fractionnement hyperfin

L'électron libre que nous avons vu jusqu'à présent présente peu d'intérêt puisque les électrons liés dans les atomes et les molécules devront être étudiés. Pour un tel système, des changements prononcés dans les niveaux d'énergie et les transitions ont lieu en raison des interactions entre le spin de l'électron et les mouvements orbitaux avec les noyaux (I 0≠) et avec les champs électriques. Ces perturbations fournissent des informations sur l'électron et son environnement. Tout comme les électrons, de nombreux noyaux sont également connus pour posséder un spin. Le noyau contient un proton et un neutron (particule de charge nucléaire). Ces particules de charge, si elles sont en mouvement, ont un moment angulaire et doivent donc avoir un moment magnétique qui indique le spin nucléaire (chacune ayant un spin de moitié).

1. Le spin du proton et du neutron s'annule si un noyau ayant un nombre pair de protons et de neutrons et les deux ont des spin zéro nucléaire. En tant que symbole du spin nucléaire quantique le nombre est I, dans ce cas I = 0

2. Nombre pair de protons et nombre impair de neutrons ou impair nombre de protons et nombre pair de neutrons I = ½ , 1H1

3. Nombre pair de protons et de neutrons I ∴=1, 2, 3..., par exemple 14N7

Comme l'électron et le noyau font tous deux partie de la molécule ou de l'atome, le spin de l'électron sera couplé au spin nucléaire (c'est-à-dire que chaque ms sera couplé à chaque mI) et donnera lieu à un nombre de signaux $2I + 1$ (la valeur de mI est de + I à –I). Toutes ces composantes sont dégénérées en l'absence de champ magnétique externe. Mais la dégénérescence de cette composante sera levée par l'application d'un champ magnétique externe. En conséquence, nous obtenons $2I + 1$ états d'énergie différents. Ce dédoublement dû à l'interaction entre le spin nucléaire et le spin électronique est connu sous le nom de **dédoublement hyperfin** des lignes ESR.

Interaction constante de Fermi

C'est l'effet qui donne lieu à la scission hyperfine dans les spectres e.s.r. des radicaux libres dans les solutions. Pour fonctionner, il est nécessaire qu'il y ait une probabilité finie de trouver l'électron non apparié au noyau en question. Cela implique qu'il y a une densité de spin dans une orbite de type s de l'atome, puisque les orbites p, d et f ont toutes des nœuds au niveau du noyau comme indiqué ci-dessous.

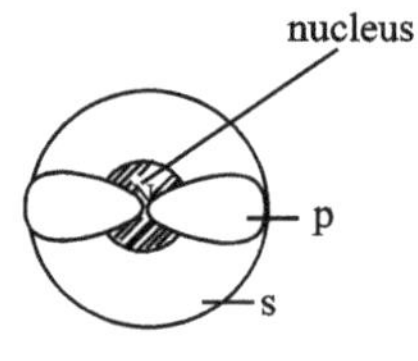

L'interaction directe (c'est-à-dire le couplage direct) entre le noyau et la densité du s-nucléus non apparié est connue sous le nom d'interactions constantes de Fermi. Cet effet qui donne la division hyperfine en terme est lié à une constante connue sous le nom de constante de division hyperfine (H.S.C.) et est généralement désigné par le symbole A ; l'HSC "A" est donnée par l'expression,

$$A = \frac{8\pi}{3h} \cdot g \cdot g_N \beta \cdot \beta_N \cdot |\psi(0)|^2$$

Où, g et gN sont les valeurs g de l'électron et du noyau. et $\beta\beta_N$ sont respectivement le magnétron de Bohr et le magnétron nucléaire.$\psi_{(0)}$

est la fonction d'onde, décrivant l'orbite contenant l'électron non apparié évalué au niveau du noyau.
Il est important d'observer que des densités de spin non appariées apparaissent même dans les enveloppes des champs d'ions de transition. Cela est dû au fait que l'interaction d'échange entre la coquille d polarisée vers le haut et l'électron s de spin-up est attirée, alors que celle entre la coquille d et un électron s de spin-down est répulsive. En conséquence, la partie radiale des deux électrons s est déformée, l'un étant plus proche du noyau et l'autre plus éloigné].

Instrumentation de l'ESR

$\Delta E = g\beta H$ etΔ $E = h\nu$, donc $h\nu = g\beta H$

Et g $\therefore = \frac{h\nu}{BH}$ (ici H et νsont des variables et h et βsont constants)

Le héros de l'ESR est le facteur "g" qui dépend de la variable H & .
Il existe donc deux types d'instruments d'ESR.

(1) Le maintien de "H" à une constante et la variation de "g" avec sont νétudiés.

(2) En gardant une constante et la variation de 'νg' de avec H est étudiée.

Mais les instruments modernes ont une variation H et une constante ν.
Un tel instrument à fréquence constante est appelé Klystron et nous utilisons généralement une fréquence de 9,0 X ^{109} hz ou 9 G Hz.

Maintenant, $g = \frac{h\nu}{BH}$

Où,

ν = fréquence appliquée de la source emr

β = Bohr Magneton (l'unité du moment magnétique de la électron en rotation

$= \frac{e\hbar}{2m_e c} = 9{,}2731\times10\text{-}21$ erg-G $^{-1}$(erg/gauss)

g = tenseur g, pour un électron isolé, g = 2,0023

H = Champ magnétique appliqué en gauss

h = constante de Plank

gβH = hν, =∴ν gβH/h

La fréquence est donc νproportionnelle au champ magnétique appliqué H, c'est-à-dire H   ν∝

Par exemple,

Si g= 2,0023, H=3400G, β=9,2731×10-21erg/G, h=6,626×10-27 erg/sec

$$\nu = \frac{2.0023 \times 3400G \times 9.2731 \times 10^{-21} erg/G}{6.626 \times 10^{-27} erg/\sec}$$

= 9500×^{106} Hz   = 9500 MHz = ∴⇒ν9.500GHz

Et de la même manière

Si H=10000 ⇒ν= 28406 MHz

∴ν∝ H ⇒ toujours proportionnels les uns aux autres

Dans un spectromètre ESR, la source de la fréquence micro-onde est le klystron. Le klystron fournit une gamme limitée de fréquences variables. Un électro-aimant connecté à un générateur de balayage et à la bobine auxiliaire fournit une intensité de champ variable. Un électro-aimant avec un H allant de 5000 gauss à 15 000 gauss peut être utilisé. Pour mesurer le spectre ESR d'un échantillon, celui-ci est placé dans le

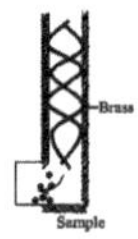

champ magnétique d'une cavité résonante dans laquelle est concentrée la puissance des micro-ondes. L'échantillon est placé dans la cavité de telle sorte que le champ électrique soit à son minimum et le champ magnétique des micro-ondes à son maximum. Au niveau de l'échantillon, le champ magnétique statique est perpendiculaire au champ magnétique des micro-ondes. L'interaction des spins magnétiques avec le champ magnétique oscillant du rayonnement électromagnétique entraîne les transitions ESR.

L'énergie micro-ondes est modulée et la puissance micro-ondes absorbée par l'échantillon à la résonance est mesurée par le circuit de détection sensible à la phase, amplifiée, et enfin, enregistrée sur un graphique dans l'enregistreur x-y. Un cristal semi-conducteur de silicium-tungstène est utilisé comme détecteur qui agit comme un redresseur et convertit la puissance des micro-ondes en courant continu. Le spectromètre ESR moderne à haute performance contient un circuit de contrôle automatique de la fréquence (AFC). Le schéma fonctionnel d'un spectromètre ESR haute performance typique est donné dans la figure.

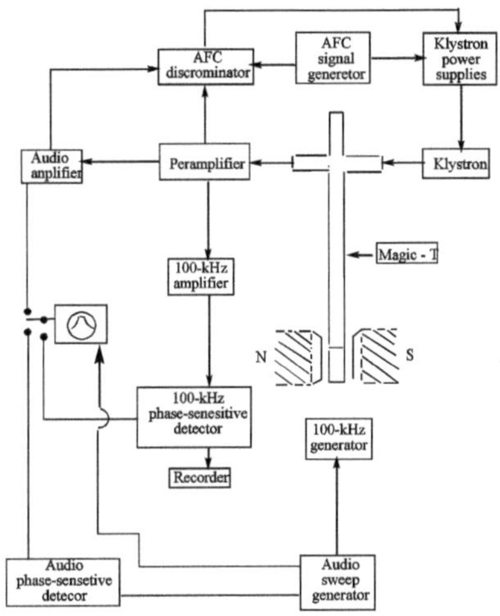

Fig.Block Diagram of ESR spectrometer

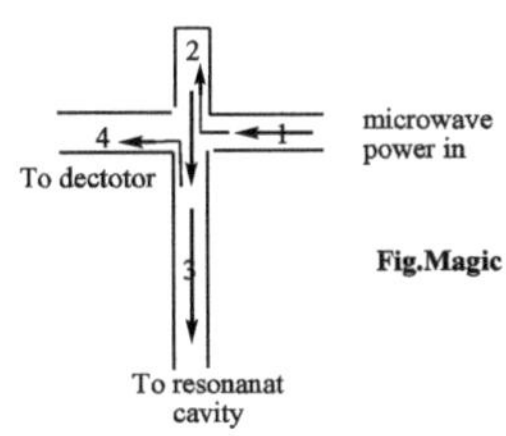

Fig.Magic - T

Magic - T : Le fonctionnement de Magic-T ou circulateur est en quatre parties. 1. Le rayonnement micro-ondes entre 2. Généralement ayant une charge terminale, semble absorber toute puissance qui pourrait être réfléchie
3. à la cavité de résonance et 4. Au détecteur

L'instrumentation de l'esr, en général, peut être représentée car c'est un instrument très simple pour effectuer la spectroscopie ESR aux fréquences micro-ondes, et pour comparaison le spectromètre familier fonctionnant dans la région visible sont montrés dans la figure ci-dessous. La source du rayonnement de 9,5Gz est le klystron. Les micro-ondes sont conduites à l'échantillon par un guide d'ondes (Le rayonnement micro-ondes est transmis à l'échantillon et au cristal par un guide d'ondes, un tube creux, rectangulaire, en laiton, de 0,9 po sur 0,4 po).

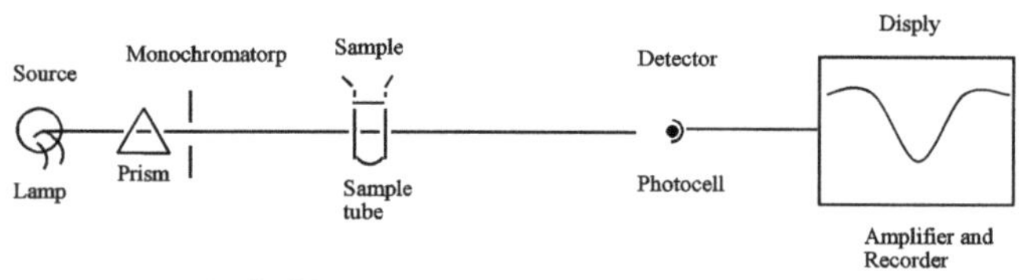

Optical Spectrometer

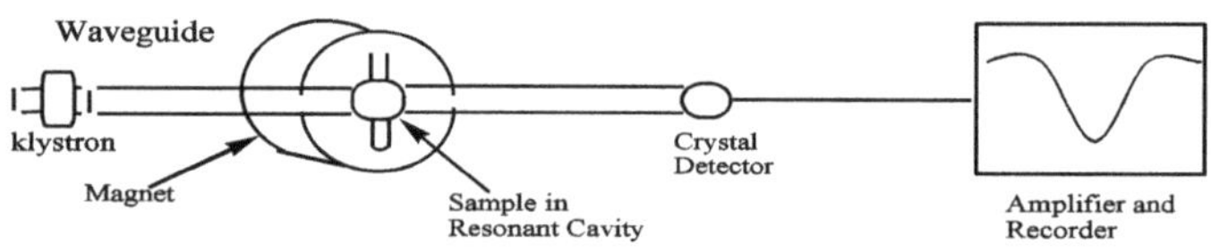

ESR Spectrometer

Fig. Comparaison entre un spectromètre optique et un simple

Traitement des échantillons

1. le type d'échantillon : Il peut se présenter sous forme de poudre, de solution, de solution congelée, de monocristal, ou de gaz... (Le capillaire est de petite taille)

2. congelé : Des solvants tels que CCl_4, CH_2Cl_2, $C_2H_4Cl_2$ ou un mélange de solvants organiques peuvent être utilisés pour congeler afin de former un bon verre dilué auquel on observe un spectre ESR raisonnablement bon. N'utilisez pas H_2O (en raison de la présence d'hydrogène fort dans le désossage, il s'agit d'un mauvais solvant pour la formation du verre), c'est-à-dire utilisez le système de solvants de telle sorte que, qui forment un bon verre à L.N.T. -77K (température de l'azote liquide) ou L.H.T- 0K (température de l'hydrogène liquide)
3. le processus : Substance + solution de →solvant →mises dans le L.N.T. (congelées, c'est-à-dire en formation de verre, donc on utilise le L.N.T. ou le L.H.T.)
Paramètres : il existe deux types de paramètres pour enregistrer l'ESR (1) à la température ambiante et (2) à la température de transition vitreuse (L.N.T.)
5.détenteur de l'échantillon : On utilise généralement un tube cylindrique étroit ou un tube en quartz pyrex. On préfère généralement le verre de quartz au verre de pyrex, car le verre de pyrex absorbe une partie de la fréquence des micro-ondes. On utilise un tube dont le diamètre interne est de 3 à 5 mm ou de 6 mm avec un volume d'échantillon de 0,15 à 0,5 ml.

Présentation de l'ESR

Les instruments ESR disponibles sont de deux types, à savoir (1) le spectromètre ESR en bande X, et (2) le spectromètre ESR en bande Q. Dans le premier cas, on utilise une fréquence d'environ 9Ghz (≈9400 mégacycles par seconde) (1 GHz = 1000 méga Hz = 1000 méga cycle par seconde(mc/s)) et une intensité de champ magnétique d'environ 3000 gauss, et l'intensité du champ magnétique peut varier dans la gamme de 1 à 10 000 gauss. Dans le spectromètre ESR en bande Q, une fréquence d'environ 35 GHz (≈35 000 mégacycles par seconde) et une intensité de champ magnétique d'environ 12 500 gauss sont utilisées. La plupart des travaux d'ESR ont été réalisés dans la région de la bande X et un travail relativement moins important a été effectué aux fréquences de la bande Q. La sensibilité d'un spectromètre ESR est directement proportionnelle au carré de la fréquence, et une fréquence élevée est préférée pour une meilleure résolution des signaux ESR. Ainsi, la sensibilité du spectromètre ESR en bande Q (ν = 35.000 mégacycles par seconde) est vingt fois plus grande. La sensibilité d'un bon spectromètre ESR est de $^{1015-1016}$ spins pour une modulation de 100 KHz dans la bande X, et vingt fois meilleure pour une modulation de 100 KHz dans la bande Q. Une sensibilité plus élevée peut être obtenue en travaillant dans un champ magnétique élevé.

Auparavant, le spectre ESR était enregistré sous forme d'intensité d'absorption par rapport au champ magnétique appliqué, comme en RMN. Mais l'ESR est très sensible, il n'y a pas de point d'inflexion typique dans le spectre d'absorption. Ainsi, une telle courbe produit souvent de larges bandes d'absorption. Dans un instrument moderne, la première dérivée de l'intensité d'absorption (da/dH, c'est-à-dire la pente) est tracée par rapport à H. Ce type de tracé est plus précis. Il convient de noter que la courbe d'absorption (voir figure a) montre un maximum à cette valeur de H où la courbe de la dérivée (voir figure b) croise l'axe H puisque da/dH doit être nul lorsque l'absorption a atteint un maximum. Le nombre de pics dans une courbe d'absorption correspond au nombre de maxima ou de minima dans la courbe des dérivés.

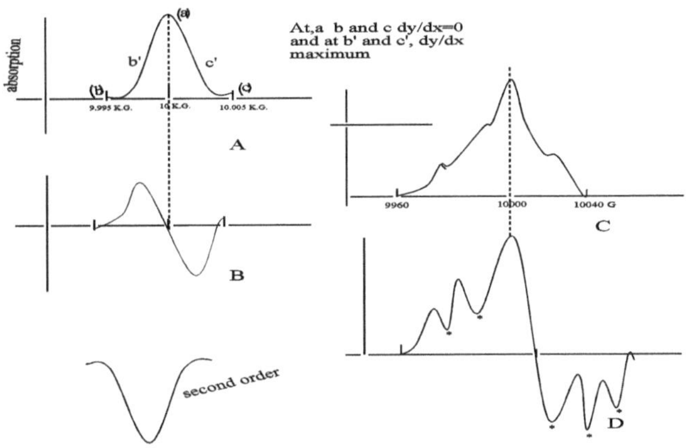

En A - un pic d'absorption du signal sans structure fine est donné. B est la courbe de dérivée correspondante. La courbe de dérivée croise l'abscisse à un maximum dans la courbe d'absorption, car la pente change de signe à un minimum. La courbe D est la courbe dérivée de C. Le nombre de pics et d'épaules de la courbe d'absorption peut être déterminé à partir du nombre de maxima (marqués par des étoiles) ou de maxima de la courbe dérivée.
Afin d'obtenir directement la courbe dérivée, les instruments sont reliés à des modulateurs d'environ 100KG.

Spectre E.S.R pour un électron (gratuit)

La courbe d'absorption de l'esr et sa courbe de première dérivée sont présentées ci-dessous. Il n'y a pas de division hyperfine indiquant l'absence de tous les effets secondaires sur la transition de l'électron tels que le noyau, la distance du noyau, etc.

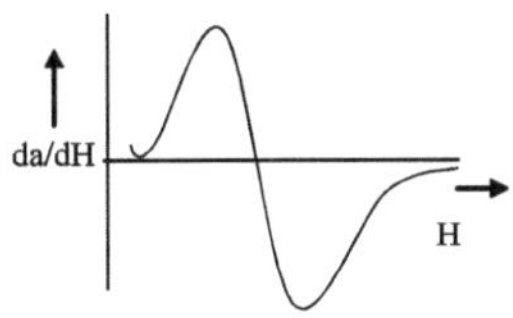

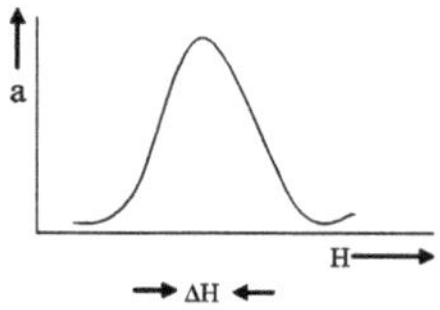

A. Courbe d'absorption B. Première courbe de dérivation

La ligne d'absorption maximale peut être directement lue à partir de la courbe dérivée, ce qui ne donne qu'un pic d'absorption approximatif.

Calcul de l'énergie

De nombreux noyaux sont également connus pour leur spin, représenté par le symbole I. Lorsqu'un tel noyau est influencé par un champ magnétique, il se divise lui-même en plusieurs parties jusqu'aux valeurs mI, ce qui donne un total de (2nI + 1) niveaux mI.

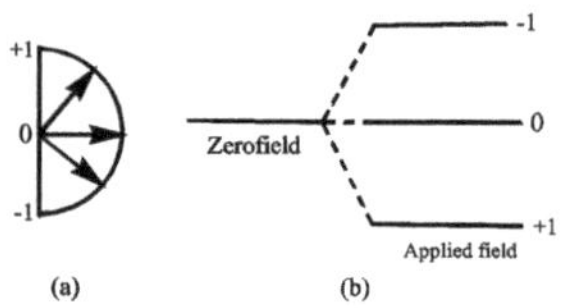

Par exemple :
un noyau avec I = 1 comme ^{14}N, aura les valeurs mI 1, 0 et -1 comme indiqué ci-dessous.

(a) Trois orientations (b) L'effet du spin magnétique d'un noyau avec I = 1 champ sur les niveaux d'énergie.

Jusqu'à présent, nous n'avons parlé que d'un électron isolé. Mais dans une molécule avec un proton et un électron comme dans un atome d'hydrogène, nous avons un électron qui interagit avec un proton, dans un champ magnétique stable, on peut voir trois interactions magnétiques se produire.

A. Interaction du spin des électrons avec le champ magnétique, c'est-à-dire

Interaction électronique Zeeman geBeHSz

B. Interaction du spin nucléaire avec le champ magnétique connu comme les interactions nucléaires Zeeman donnant par -gNBNHSz

C. Interaction de contact couplant les moments magnétiques de l'électron et le proton, connu sous le nom de couplage isotrope hyperfin

donné par $A\hat{S}\hat{I} = A(\hat{I}_x\hat{S}_x + \hat{I}_y\hat{S}_y + \hat{I}_z\hat{S}_z)$

Lorsqu'un électron non apparié se trouve à proximité d'un noyau de spin I, l'interaction entre le spin nucléaire et le spin de l'électron provoque la division du signal d'absorption en 2I+1 composantes. Dans un système isotrope, cette division provient principalement du contact de Fermi qui produit un couplage électron spin.

L'Hamiltonien pour un tel système est donné par

$$\hat{H} = gBH\hat{S}_z + A \cdot \hat{S}_z \cdot \hat{I}_z + \frac{1}{2}\left[\hat{S}_+ \cdot \hat{I}_- + \hat{S}_- \cdot \hat{I}_+\right]$$

Le dernier terme représente une interaction hyperfine de second ordre qui entraîne un mélange de certains états de spin et peut être négligé. Où $\hat{S}_+ and\ \hat{S}_-$ sont les opérateurs de montée et de descente de l'électron.

En outre, il peut y avoir un couplage dipolaire direct entre l'électron et les moments magnétiques nucléaires. Mais nous considérons généralement l'interaction de Fermi uniquement qui ne donne qu 'un nuage d'électrons dont la symétrie sphérique rend le couplage moyen nul.

Ainsi, l'Hamiltonien devient

$$\hat{H} = gBH\hat{S}_z + A \cdot \hat{S}_z \cdot \hat{I}_z$$

Cela ne représente que le spin de premier ordre Hamiltonien. Les énergies des différentes scissions peuvent être données par l'équation donnée ci-dessous.

$$E_{M_sM_I} = gBHM_s + A \cdot M_s \cdot M_I$$

Zero Field Splitting et la dégénérescence de Kremer

Jusqu'à présent, nous n'avons discuté que s'il y a un seul électron, mais s'il y a deux électrons non appariés situés dans le même atome

ou un électron chacun sur les deux atomes d'un dimère, la situation devient plus compliquée et intéressante. Comme dans ce cas, le nombre quantique résultant sera S = 1, avec des valeurs de Ms 1 , 0 , -1 Ces trois valeurs de $_{Ms}$ restent dégénérées mais se séparent sous l'effet du champ magnétique, et l'état Ms = 0 reste inchangé, l'énergie de l'état $_{Ms\,=}$ +1 augmente et l'état $_{Ms\,=}$ -1 diminue symétriquement. Par conséquent, selon les règles de sélection de l'ESR, deux transitions sont possibles, (1) $_{Ms}$ = 0 à $_{Ms\,=}$ +1 et (2) $_{Ms\,=}$ -1 à $_{Ms}$ =0 d'énergie égale et nous ne devrions donc observer qu'une seule transition. Mais, en fait, le système S = 1 montre deux transitions autorisées en raison de $\Delta_{Ms} = \pm 1$ et une troisième en raison de Δ_{Ms} = 2, ce qui est interdit. Un tel spectre n'est possible que si la dégénérescence des trois états $_{Ms\ est}$ levée même en l'absence de champ magnétique, ce qui est connu sous le nom de "zero field splitting". Ici, dans S = 1, il y a 2 électrons non appariés, tous deux produisent un petit champ magnétique δH à proximité de son voisin. Ainsi, lorsqu'un champ magnétique H est appliqué et s'il est parallèle au spin des deux électrons ($_{Ms}$ = +1),δ H sera ajouté à H, et si les spins sont égaux ($_{Ms}$ = -1) mais opposés au champ magnétique, c'est H-δH. Par conséquent, les règles de sélection de l'ESR permettront deux transitions d'énergies égales et son énergie sera également rayée. Ainsi, l'état $_{Ms}$ = ±1 crachera mais l'état $_{Ms}$ = 0 restera tel quel.
L'énergie des deux transitions

$\Delta E = +1gBH' - (-1)gBH = 2gBH$ ' [transition $_{Ms}$ = -1 à $_{Ms}$ = +1 ($\Delta_{Ms} = 2$)]

$\Delta E = +1gBH - (0)gBH = gB\quad H$ [transition $_{Ms}$ = 0 à $_{Ms}$ = +1 ($\Delta_{Ms} = 1$)]

Les équations ci-dessus nous montrent que "H" pour la transition interdite sera la moitié de H pour la transition autorisée. Cette transition interdite est donc connue sous le nom de transition de demi-champ. Le diagramme du niveau d'énergie de la séparation de champ zéro est souvent représenté comme dans la figure ci-dessous.

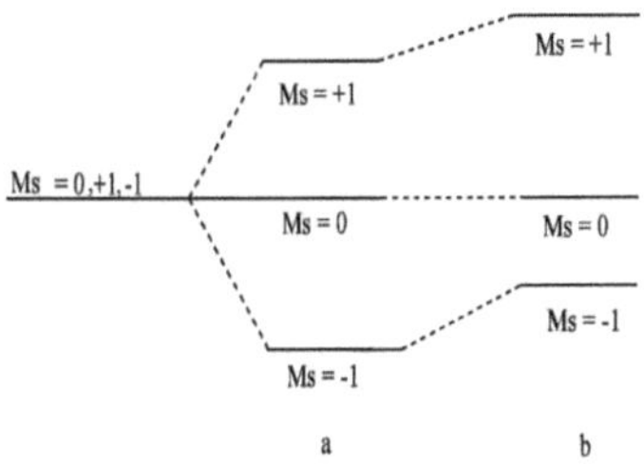

Fig. Splitting of M_s levels of S = 1state on application of magnetic field H[a, with zero internal field (δH= 0) ; b, with nonzero internal field (δH≠0)]

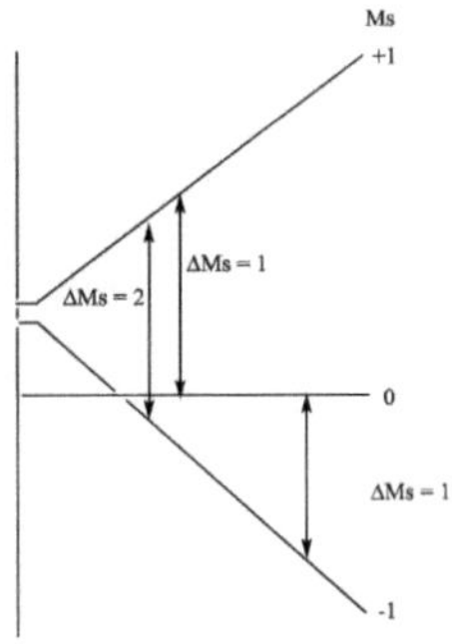

Fig. Zero field splitting in dimeric copper(II) or Oxovanadium(IV) complex and effect of magnetic field on *Ms* levels

Ainsi, nous savons maintenant qu'à mesure que les électrons non appariés (n) augmentent, la division du champ zéro est introduite. Lorsque n est pair, le nombre quantique de spin résultant est tel qu'il admet un état Ms = o. C'est-à-dire que si S = 1, (n = 2) a $_{Ms}$ = ±1 et 0 et si S = 2, (n = 4) a $_{Ms}$ = ±2,±1 et 0. Mais lorsque n est impair et que plus de 1 o n'est plus une valeur $_{Ms}$ admissible. Cela signifie que lorsque le nombre d'électrons non appariés est impair et supérieur à 1, nous n'avons qu'un état de spin doublement dégénéré et aucun état $_{Ms=}$ 0. Une telle dégénérescence est

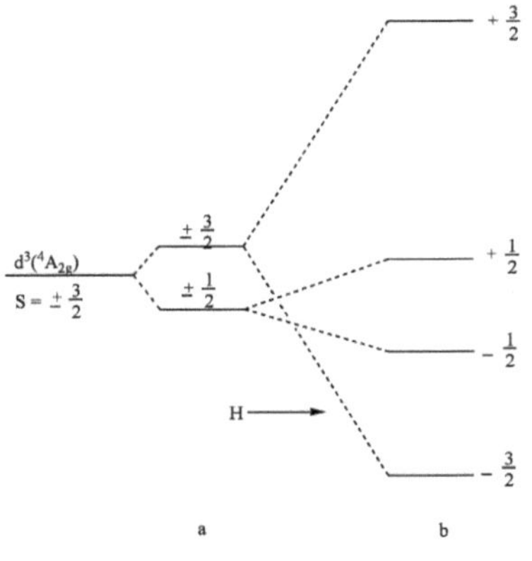

Fig. Kramer's degeneracy **a)** zero field splitting in d^3 [Cr(III)] **b)** splitting of Ms levels on application of magnetic field

connue sous le nom de dégénérescence de Kramer. En appliquant un champ magnétique, chacun des ensembles doublement dégénérés se divise encore, et une série de raies apparaît donc dans le spectre ESR.

Demandes

1. Un électron influencé par un seul proton

L'atome d'hydrogène (I = ½, pour le proton) est l'exemple d'un tel système. Le spectre ESR de l'atome d'hydrogène dans une matrice solide est constitué de deux pics d'intensité égale. Considérons maintenant la nature ESR d'un tel système. Un électron au départ donne les niveaux *ms* qui seront à nouveau divisés en fonction des niveaux *mI* donnant la division hyperfine dans le spectre ESR. Le diagramme des niveaux d'énergie d'un tel système est donné ci-dessous.

H- atome

I = ½, ce qui donne± ½ *mI* valeurs.

S = ½ qui, en termes de terme, donne les valeurs + ½ et - ½, *ms*.

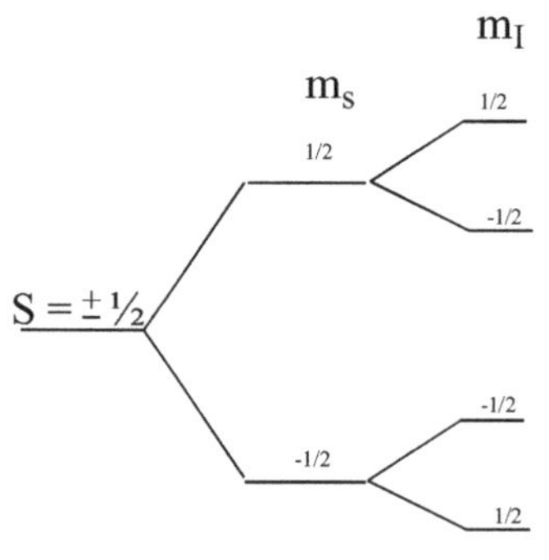

Fig. Les transitions lorsqu'un électron influencé par un seul proton est donné dans la figure.

Les énergies du fractionnement peuvent être obtenues par l'équation suivante

$E = g\beta Hms + Ams\ mI$

1. Énergie de la première transition Ici, ms = - ½ et mI = +½

$\therefore \quad E1 = -\frac{1}{2}\, g\beta H + A(-\frac{1}{2})(+\frac{1}{2})$

$E1 = -\frac{1}{2}\, g\beta H - A(\frac{1}{4})$

$E1 = -\frac{1}{2}\, g\beta H - A/4$

2. L'énergie de la deuxième transition Ici, ms =- ½ et mI = -½

$\therefore \quad E2 = -\frac{1}{2}\, g\beta H + A(-\frac{1}{2})(-\frac{1}{2})$

$E2 = -\frac{1}{2}\, g\beta H + A(\frac{1}{4})$

$E2 = -\frac{1}{2}\, g\beta H + A/4$

3.énergie de la troisième transition Ici, ms = + ½ et mI = -½

$\therefore \quad E3 = +\frac{1}{2}\, g\beta H + A(+\frac{1}{2})(-\frac{1}{2})$

$E3 = \frac{1}{2}\, g\beta H - A(\frac{1}{4})$

$E3 = \frac{1}{2}\, g\beta H - A/4$

Énergie de la deuxième transition Ici**,** ms = + ½ et mI = +½

$\therefore \quad E4 = +\frac{1}{2}\, g\beta H + A(+\frac{1}{2})(+\frac{1}{2})$

$E4 = \frac{1}{2}\, g\beta H + A(\frac{1}{4})$

$E4 = \frac{1}{2}\, g\beta H + A/4$

Un résumé de ce que nous avons vu dans le diagramme des niveaux d'énergie peut être donné par le tableau ci-dessous.

ms	mI	Énergie
−½	+½	−A/4
−½	−½	+A/4
+½	−½	−A/4
+½	+½	+A/4

Les transitions sont régies par les règles de sélection. Les règles de sélection de l'ESR sont indiquées ci-dessous.
On autorise les transitions dans lesquelles seul le spin de l'électron bascule. Il s'agit de

$\beta_e\beta_N\alpha \longleftrightarrow \beta_N$ et $\beta_e\alpha_N \longleftrightarrow \alpha_e\alpha_N$

c'est-à-dire Δms = 1 et mIΔ = 0
(l'électron est très petit par rapport au noyau. Le noyau ne peut donc pas avoir la probabilité de sauter et de modifier les valeurs de mI. Par conséquent,Δ la règle de sélection mI = 0 est claire d'après l'aspect général lui-même).
En respectant les règles de sélection, on peut prévoir deux transitions pour l'atome d'hydrogène, comme indiqué ci-dessous.

ms mI *ms* mI

– ½–½ (1) $\longleftrightarrow$ +½ –½

–½+½ (2) $\longleftrightarrow$ +½ +½

Dans les deux équations ci-dessus, les règles de sélection sont obéies comme suit : $\Delta ms = 1$ et Δms = 0

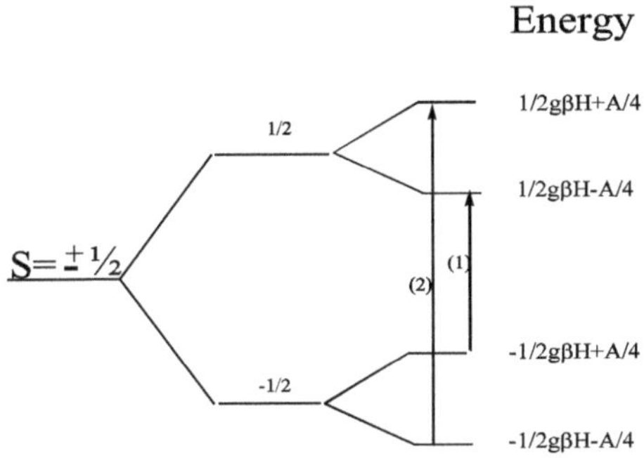

Figure. Le diagramme du niveau d'énergie des transitions pour un électron influencé par un seul proton

Les énergies des transitions peuvent être données par

1. -½ gβH - A/4 à ⟷ ½ gβH + A/4

ΔE=EH - EL = ½ gβH + A/4 - [- ½ gβH - A/4] = gβH +A/2

Et la fréquence de la transitionΔ E = $h\nu$

$\therefore$ h = νgβH + A/2 et

$$\therefore \nu = \frac{gBH}{h} + \frac{A}{2h}$$

Cette transition a lieu en donnant **un pic** dans le spectre de l'ESR.

2. - ½ gβH + A/ 4 à ⟷ +½ gβH -A/4

ΔE= + ½ gβH - A/4 - [- ½ gβH + A/4] = gβH - A/2

Et la fréquence de la transitionΔ E = $h\nu$

$\therefore$ h = $\nu g\beta H$ - A/2 et

$$\therefore \nu = \frac{gBH}{h} - \frac{A}{2h}$$

Cette transition a lieu en donnant un **deuxième pic** dans le spectre de l'ESR. Ainsi, le spectre ESR de l'atome H donne deux bandes.

Le résultat de la transition peut être donné par le diagramme ms - mI comme suit.

ms *mI* Ici = ↑+ ½ et ↓= - ½

↓ ↑ une transition est prévue

Δms =1 et Δ_{MI} = 0

↑ ↑

↓ ↓ Ici aussi, Δms =1 et Δ_{MI}= 0

Correspondant à la deuxième transition

↑ ↓

Le nombre de fines fissures pour un noyau quelconque peut être donné par la généralisation

(2nI + 1) , où n = nombre de noyaux

I = No. quantique de spin nucléaire

Une équation de généralisation plus simplifiée peut être faite pour le proton

Comme les protons ont Q.N. I = ½, (2nI + 1) = (2n×½ + 1) = (n+1)

Le nombre de transitions probables vers le même niveau d'énergie donne l'intensité de chaque pic.

Pour les protons, les intensités des différents pics seront dans le rapport des coefficients de l'expansion bionomique de

$(a+b)^n$ où, n = nombre de protons.
Ces généralisations peuvent être appliquées à notre problème de l'hydrogène.
Nombre de pics = (n+1) = (1+1) = 2, car n =1
Intensités = (a+b) = $(a + b)^{1}$= a + b , comme n =1 ,

Le rapport des coefficients est de 1 : 1

Ainsi, le spectre ESR de l'hydrogène donne deux signaux avec des rapports d'intensité de 1:1 comme indiqué ci-dessous.
La distance entre les deux pics (généralement prise à la distance du point central) donne le HSB (Hyperfine Splitting Constant) A.

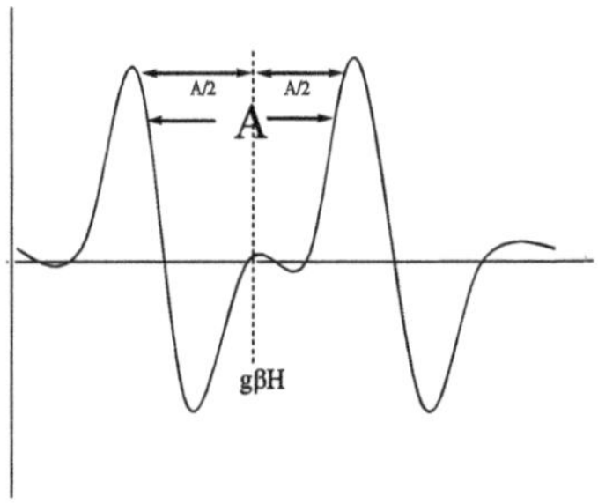

gβH ne correspond à aucun pic (signal) et doit donc être lu en prenant le point central du signal.

2. Un électron délocalisé sur deux protons équivalents : $CH_2^{\bullet}$,

$H_2^{\bullet}$

Les signaux obtenus pour un système avec un électron délocalisé sur deux protons équivalents peuvent être prédits par la formule (n+1). Ici, n=2, donc trois signaux seront présents dans le spectre epr. Leur intensité relative peut être donnée par $(a+b)^2$ = 1a2 + 2ab + 1b2 [le coefficient de l'expression binomiale de $(a+b)^n$ donnant un rapport d'intensité de 1:2:1.

(Car $CH_2^{\bullet}$ C est esr silencieux, donc $CH_2^{\bullet}$ ne fait qu'un système avec un électron délocalisé sur deux protons équivalents)

Le signal epr unique d'un électron libre est divisé par l'effet de deux protons. Le diagramme du niveau d'énergie pour $CH_2^{\bullet}$ ou$^{\bullet}$ $_{H2\ est}$ donné ci-dessous.

$\Delta_{L'IM}$ peut être trouvé pour tout niveau de fractionnement en observant les principes suivants.

1)The parent M_I having the order 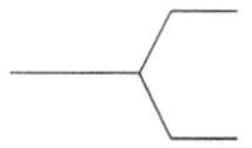

En cela, toute montée donne + mI et toute descente donne - mI

2)The parent M_I having the order 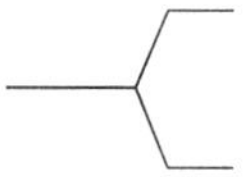

En cela, toute montée donne - mI et toute descente donne + mI

[En considérant les contributions des différents niveaux de mI, on peut noterΔ mI pour un niveau]

Les énergies des différents niveaux peuvent être déterminées par l'équation suivante

$$E = \quad g\beta HMS + A(_{MI}\ MS\cdot)$$

Énergie de (A), la première transition Ici, $ms = -\frac{1}{2}$ et $_{MI} = +1$

$E_A = -\frac{1}{2}\, g\beta H + A(-\frac{1}{2})(+1)$

$E_A = -\frac{1}{2}\, g\beta H - A(\frac{1}{2})$

$E_A = -\frac{1}{2}\, g\beta H - A/2$

De la même façon ....
EB = - ½ gβH
CE = - ½ gβH + A/2
ED = + ½ gβH - A/2
EE = + ½ gβH
EF = + ½ gβH + A/2

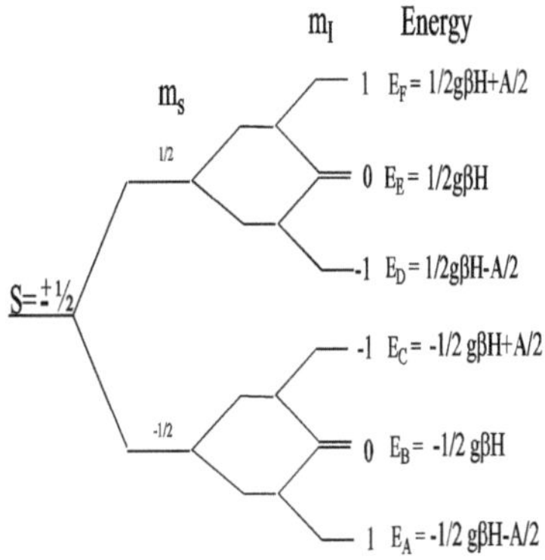

Les transitions sont régies par les règles de sélection. Les règles de sélection de l'ESR sont indiquées ci-dessous. Les transitions autorisées sont celles dans lesquelles seul le spin électronique bascule. Il s'agit des transitions suivantes

$\Delta\ ms = 1$ et $\Delta mI = 0$

(L'électron est très petit par rapport au noyau. Le noyau ne peut donc pas avoir la probabilité de sauter et d'effectuer un changement dans les valeurs de l'IM. Par conséquent,Δ la règle de sélection mI = 0 est claire d'après l'aspect général lui-même).

En respectant les règles de sélection, trois transitions peuvent être prévues pour le système, comme indiqué ci-dessous.

ms MI *ms* MI

−½ 1 (A) ⟷ +½ 1

−½ 0 (B) ⟷ +½ 0

−½ -1 (C) ⟷ +½ -1

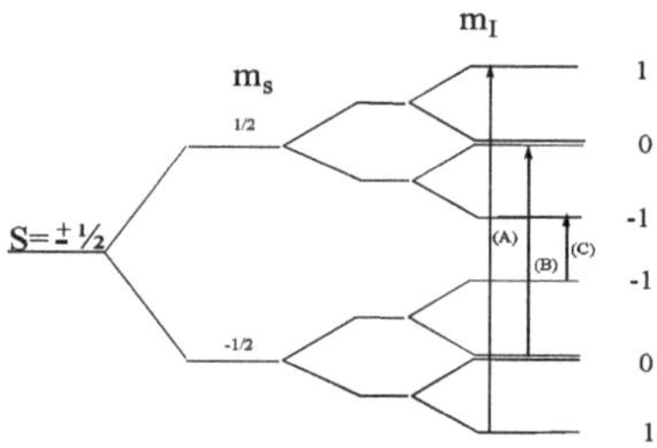

Dans l'équation ci-dessus, les règles de sélection sont respectées.
Les énergies des transitions peuvent être données par

1. ½ gβH + A/2 à ⟷ ½ gβH - A/2

Δ E= ½ gβH + A/2 - [- ½ g H -βA/2] = gβH +A

Et la fréquence de la transition ΔE = *h*ν

∴ *h* ν= gβH + A et $\nu = \frac{gBH}{h} + \frac{A}{h}$

Cette transition a lieu en donnant un pic dans le spectre de l'ESR.

2. ½ gβH - A/2 à ⟷ ½ gβH + A/2

Δ E= ½ gβH - A/2 - [- ½ g Hβ+ A/2] = gβH - A

Et la fréquence de la transition ΔE = *h*ν

∴ *h* ν= gβH - A et $\nu = \frac{gBH}{h} - \frac{A}{h}$

Cette transition a lieu en donnant un deuxième pic dans le spectre de l'ESR.

3. $\frac{1}{2} g\beta H \xleftrightarrow{\text{à}} - \frac{1}{2} g\beta H$

$\Delta E = + \frac{1}{2} g\beta H - [- \frac{1}{2} g H\beta] = g\beta H$

Et la fréquence de la transition $\Delta E = h\nu$

$\therefore h\nu = g\beta H, \quad \nu = \frac{gBH}{h}$

Cette transition a lieu en donnant un troisième pic dans le spectre de l'ESR

Ainsi, le spectre ESR de $CH_2^{\bullet}$ ou $H_2^{\bullet}$ donne trois bandes.
La probabilité de transition de B E $\xleftrightarrow{\text{est}}$ deux fois plus élevée que celle des deux autres, car B & E sont doublement dégénérés. Cette transition donnera donc une intensité deux fois plus élevée que celle des deux autres. Les intensités relatives des signaux EPR sont donc de 1:2:1, comme on peut le prévoir d'après $(a+b)^2$, l'expansion bionomiale.

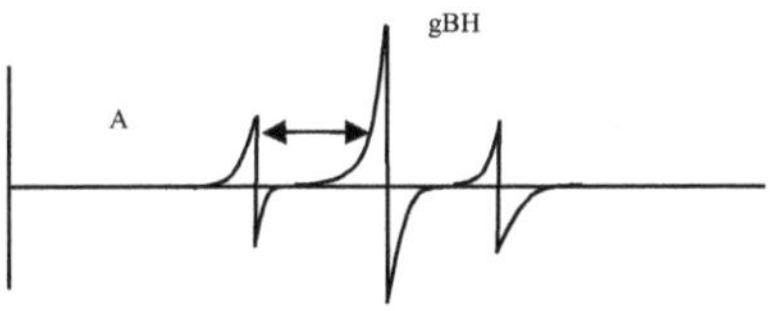

Ici, le signal du milieu correspond à la ligne gBH, et peut donc être lu directement. La distance entre deux signaux adjuvants quelconques donne la valeur de H.S.C. (A)

3.un électron décolonisé sur trois protons équivalents ($CH3^{\bullet}$)

($CH3^{\bullet}$) peut être obtenu en irradiant le NaCH3 avec des rayons gamma.

Le diagramme du niveau d'énergie montrant la division hyperfine est présenté ci-dessous.

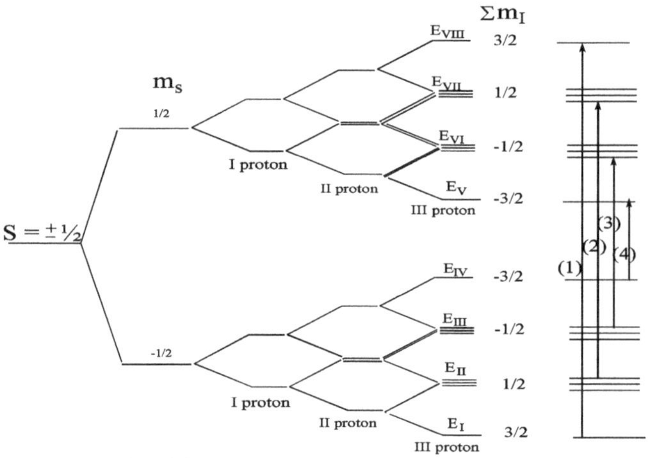

Les énergies des différents niveaux peuvent être déterminées par l'équation.

E = gβHMS + A(MI MS·)

Énergie de (I) à (VIII)

EI=-1/2 g BH -3/4 A

EII=-1/2 g BH -1/4 A

EIII=-1/2 g BH +1/4 A

EIV=-1/2 g BH +3/4 A

EV= 1/2 g BH -3/4 A

EVI= 1/2 g BH -1/4 A

E_{VII}= 1/2 g BH +1/4 A

E_{VIII}= 1/2 g BH +3/4 A

Les transitions autorisées sont données par les règles de sélection,

$\Delta_{MI} = 0$ ET MS = Δ_1

Ces transitions sont notées dans le diagramme des niveaux d'énergie, marquées comme (1), (2), (3) et (4)

L'énergie des transitions (1)

$\Delta E_{(1)}$ = ½gBH-3/4A - [-½gBH + 3/4 A]

= 1/2 g BH -3/4 A + 1/2 g BH -3/4 A

= gBH -3/2A

et la fréquence de la transition

Énergie de transition (2), $\Delta E_{(2)}$ = gBH - A/2 A

Énergie de transition (3), $\Delta E_{(3)}$ = gBH + A/2 A

Énergie de transition (4), $\Delta E_{(4)}$ = gBH - 3/2 A

Les probabilités de transition de (3) et (2) sont trois fois plus élevées que celles de (1) et (4) Ainsi, les pics correspondant à (3) et (2) seront trois fois plus importants que ceux de (1) et (4)

Ainsi, pour ($CH3^{\bullet}$), quatre pics avec un rapport d'intensité de 1:3:3:1 peuvent être observés dans les spectres de r.e.p. Ceci peut être prédit par les règles (n+1) et $(a+b)^{n.}$

Nombre de signaux

= (n+1) = 3 +1 = 4

Rapport d'intensité = $(a+b)^n$

= $(a+b)^3$ = 1a3 + 3a2b + 3ab2 + 1b3

c'est-à-dire 1 : 3 : 3 : 1

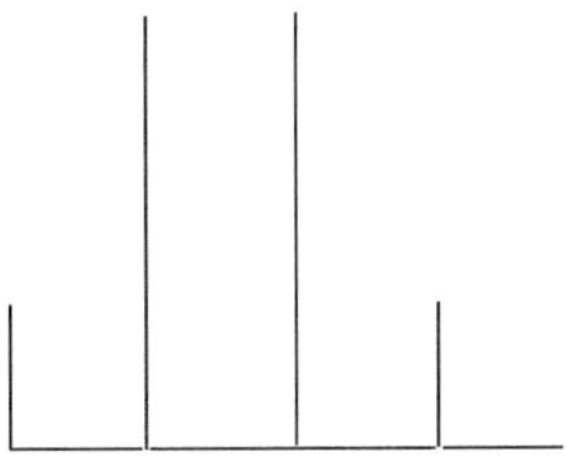

Intensities 1:3:3:1

Le diagramme MS - MI probable montrant les transitions peut être réalisé comme suit

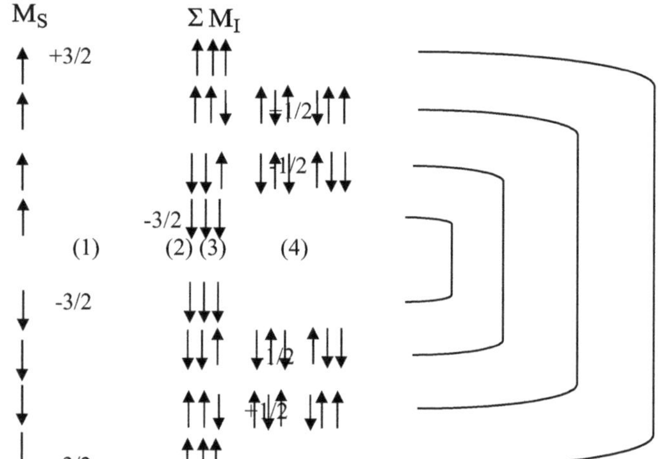

Dans MS - MI les diagrammes (3) et (2) donnent trois probabilités d'arrangements où comme (1) et (4) donnent seulement une qui prédit les intensités relatives des transitions comme 1 : 3 : 3 : 1.

Un modèle de spectre epr de CH3• est présenté ci-dessous.

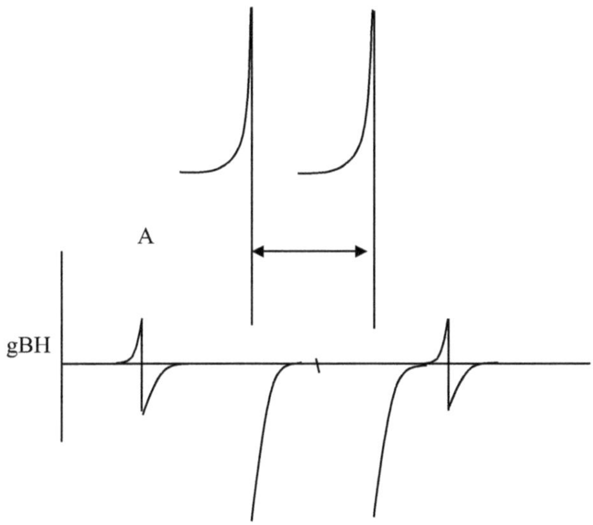

La distance entre deux signaux adjacents donne la valeur A
Il n'y a pas de signal correspondant avec le gBH et le point gBH doit donc être déterminé mathématiquement en prenant le point central du modèle de signaux. À partir du point central de la gBH, le facteur de peut être calculé.

Note : Le diagramme de niveau d'énergie ci-dessus montrant les niveaux de division hyperfine est généralement connu sous le nom de diagramme de Carrington effer A. Carrington qui a publié les niveaux d'énergie hyperfine résultant de l'interaction d'un électron non apparié avec un nombre variable de protons équivalents dans Quart : Rers : 17, 1963.

gBH - point et spectre epr des systèmes avec un électron délocalisé sur un à trois protons équivalents.

1) Pour un électron libre, le signal lui-même correspond à la point gBH. Ici nombre de protons : zéro
2) Pour un électron influencé par un proton, le point central des deux signaux donne la gBH : Nombre de protons = 1
3) Pour un électron délocalisé sur deux protons équivalents, le signal du milieu correspond à la gBH. Ici, nombre de protons : 2
4) Pour un électron délocalisé sur trois protons équivalents, le point central des quatre signaux donne le point gBH. Nombre de protons : 3

Ainsi, en général, pour un électron délocalisé sur un nombre impair de protons équivalents, le signal epr correspond à la gBH et il faudra le mesurer en notant le point central, du modèle de signal central.
Pour un électron délocalisé sur un nombre pair de protons équivalents, le signal du milieu lit lui-même la gBH.
Dans les trois cas, la distance entre deux signaux adjacents quelconques donne la constante de dédoublement hyperfine A, il est évident que pour un électron libre A = 0, pour toute comparaison, les trois spectres epr sont additionnés comme suit.

gβH- standard No . de
protons de point

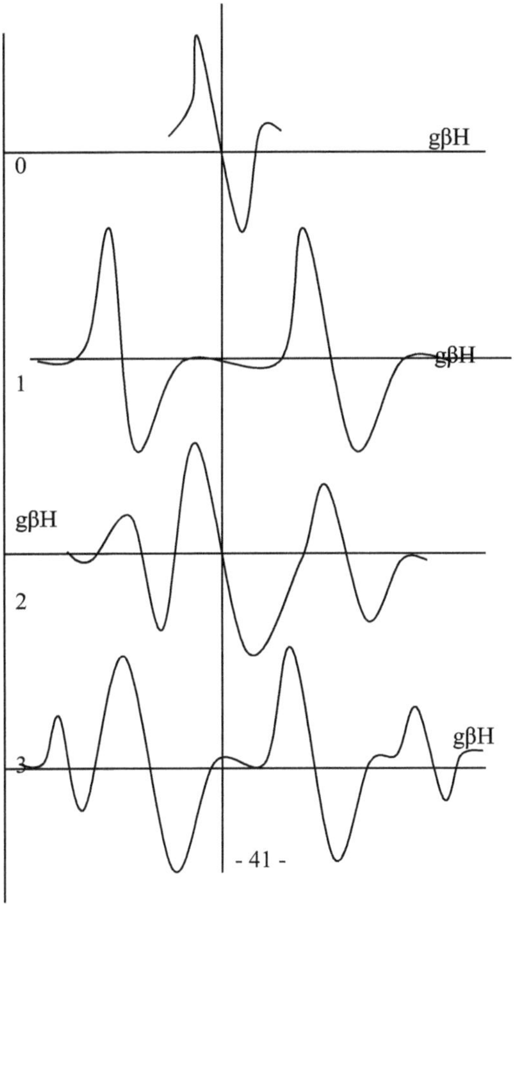

4. Études RPE de l'anion benzène [$C_6H_6^-$].

Le spectre de la r.p.e. de l'anion benzène donne un spectre à sept raies, toutes les raies étant également réparties. La distribution égale n'est observée que lorsque tous les protons sont équivalents. Ainsi, le spectre e.s.r. montre que tous les protons de l'anion benzène sont équivalents. Cela signifie que tous les protons sont également liés à l'atome de carbone. Il n'y a pas de liaison simple plus de doubles liaisons entre C et H, mais tous les six sont également reliés. C'est une preuve évidente de la structure du benzène et de l'aromaticité (délocalisation)

Les lignes vues suivent les rapports d'intensité, 1:6:15:20:15:6:1 qui est donné par le coefficient de la dilatation binomiale de $(a+b)^n$

Donc $(a+b)^6 = {}_6C_0a^6 + {}_6C_1a^5b + {}_6C_2a^4b^2 + {}_6C_3a^3b^3 + {}_6C_4a^2b^4 + {}_6C_5ab^5 + {}_6C_6b^6$

$${}_6C_1 = \frac{6\times 1}{1} = 6 \qquad {}_6C_4 = \frac{6\times5\times4\times3}{1\times2\times3\times4} = 15$$

$${}_6C_2 = \frac{6\times5}{1\times2} = 15 \qquad {}_6C_5 = \frac{6\times5\times4\times3\times2}{1\times2\times3\times4\times5} = 6$$

$${}_6C_3 = \frac{6\times5\times4}{1\times2\times3} = 20 \qquad {}_6C_6 = \frac{6\times5\times4\times3\times2\times1}{1\times2\times3\times4\times5\times6} = 1$$

Les coefficients de cette expansion suivent le ratio

1 : 6 : 15 : 20 : 15 : 6 : 1

Le nombre de signaux ainsi que leurs intensités de crête relatives peuvent être visualisés sur le diagramme des niveaux d'énergie.

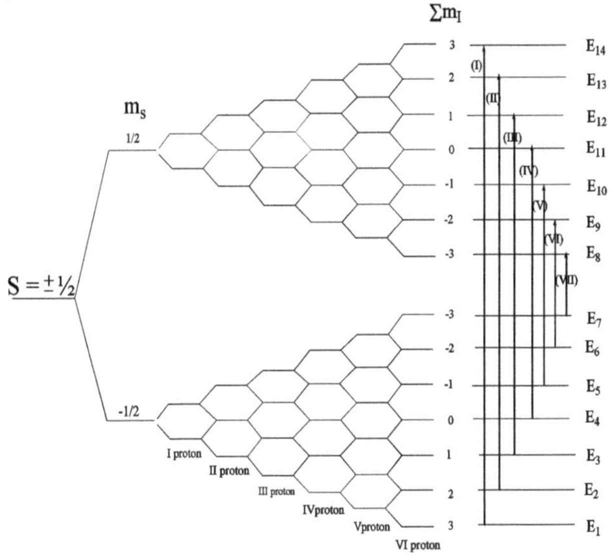

Les énergies des différents niveaux peuvent être exclues de l'équation.

E = gβHMS + A(MI MS·)

E1=-1/2 gBH -3/2A	E8=½ gBH -3/2A
E2=-1/2 gBH -A	E9=½ gBH -A
E3=-1/2 gBH -A/2	E10=½ gBH -A/2
E4=-1/2 gBH	E11=½ gBH
E5=-1/2 gBH +A/2	E12=½ gBH +A/2

E6=-1/2 gBH +A E13=½ gBH +A
E7=-1/2 gBH +3/2A E14=½ gBH + 3/2A

Les transitions autorisées sont données par les règles de sélection,$\Delta_{MI} = 0$ & $MS = \Delta_1$

Énergie de la transition 1, c'est-à-dire E14 - E1

Δ_{EI} = ½ gBH + 3/2A - [-1/2 gBH - 3/2A]

=½ gBH +3/2A + ½ gBH + 3/2A

=gBH + 3A

EtΔ E = hν donc, = νΔE/h

∴ ν = gBH/h+3A/h

De la même manière

EII=gBH + 2A

EIII= gBH + A

EIV= gBH

EV=gBH-A

EVI=gBH -2A

EVII=gBH - 3A

Le spectre epr de $C_6H_6^-$ est donc le suivant

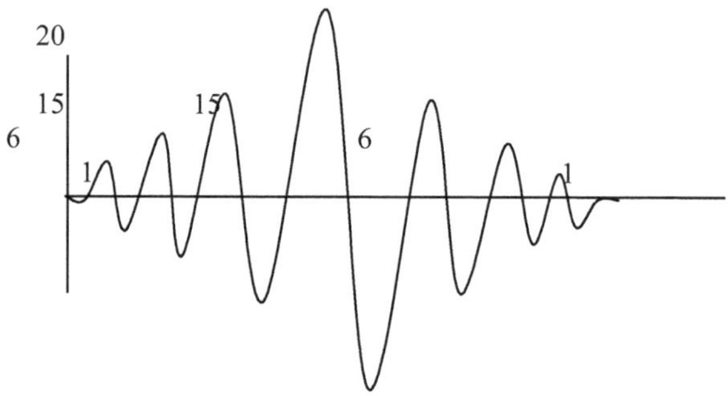

Le signal du milieu lit directement le point gBH et la distance entre deux signaux adjacents donne la constante de division hyperfine A (HSC-A)

5. Spectre ESR d'un électron influencé par un seul noyau d'azote $^{N•}$

L'azote est avec I = 1, ce qui donne trois valeurs de $_{MI\ en}$ présence d'un champ magnétique. Le signal EPR unique de l'électron est divisé en niveaux hyperfins, chacun d'eux ayant été divisé pour donner trois niveaux hyperfins résultant de trois transitions.

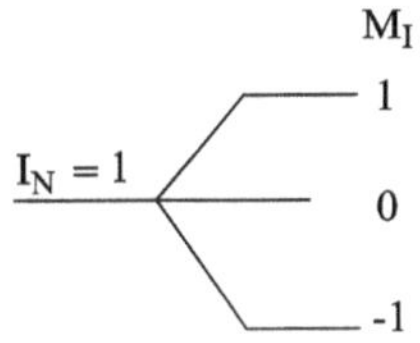

Le diagramme des niveaux d'énergie du site $^{N•}$ peut être représenté comme suit.

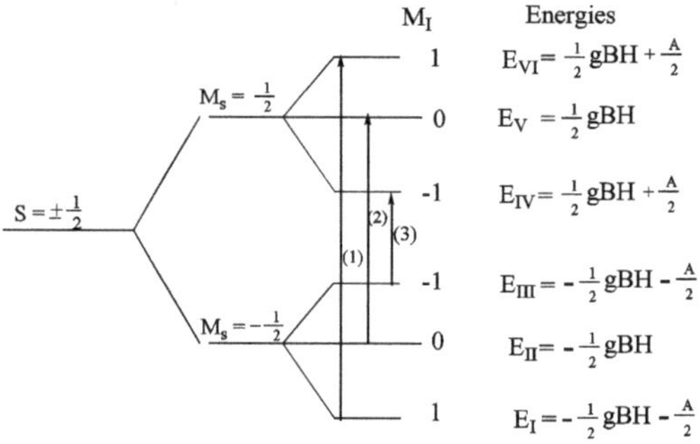

[Diagramme des niveaux d'énergie de N• montrant les dégénérescences de chaque niveau]

Les énergies des différents niveaux peuvent être déterminées par la formule

E = gβHMS + A($_{MI\,MS'}$)

D'où l'énergie ou le niveau (I)

c'est-à-dire $_{EI}$ = -1/2gBH - A/2,

EII =-1/2 gBh et

EIII =-1/2gBh+A/2

Les transitions autorisées sont données par les règles de sélection, Δ_{MI} = 0 & MS = Δ_I

L'énergie de la transition (1)

$E_{(1)}$ = ½gBH - A/2-[-1/2gBH + A/2]

= ½gBH -A/2+ ½gBH - A/2

=gBH - A

Et la fréquence de transition, ν= gBH/h - A/h

De même

$E_{(2)}$ = gBH ν = gBH/h

$E_{(3)}$ = gBH + A = νgBH/h + A/h

Les intensités relatives des transitions peuvent être prédites par la probabilité des transitions ou les dégénérescences donneront l'intensité. Ici, toutes les transitions sont de même probabilité, c'est-à-dire avec une certaine dégénérescence, et donc les trois signaux du spectre epr de N• auront les mêmes intensités de pointe. Le nombre de bandes que nous avons obtenues peut être prédit par la règle (2nI +1).

Ici Pour N•, $n = 1$ & $I = 1$

D'où le nombre de pics $(2\times1\times1) + 1 = 3$

En général, le nombre indiqué entre parenthèses en regard des niveaux d'énergie dans un diagramme de niveau d'énergie indiquait la dégénérescence. Ainsi, pour N•, les dégénérescences peuvent être notées comme suit.

Le diagramme du niveau d'énergie peut être dessiné verticalement ou horizontalement.

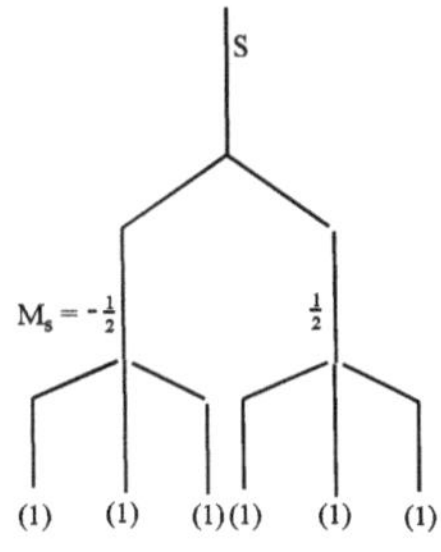

Le spectre epr de N• est donc le suivant

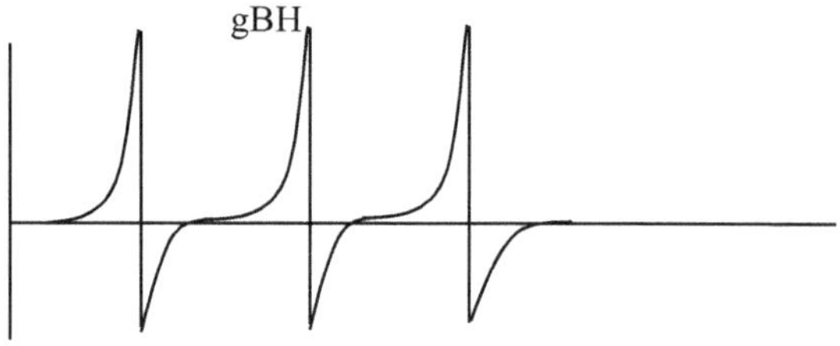

Le signal du milieu lit directement le point gBH et la distance entre deux signaux adjacents donne la constante de division hyperfine A (HSC-A)

6. Spectre ESR d'un seul électron délocalisé sur deux atomes d'azote égaux : N2•

Ici, l'électron unique est influencé par les deux équivalents d'azote, ce qui donne une division hyperfine comme indiqué dans le diagramme du niveau d'énergie

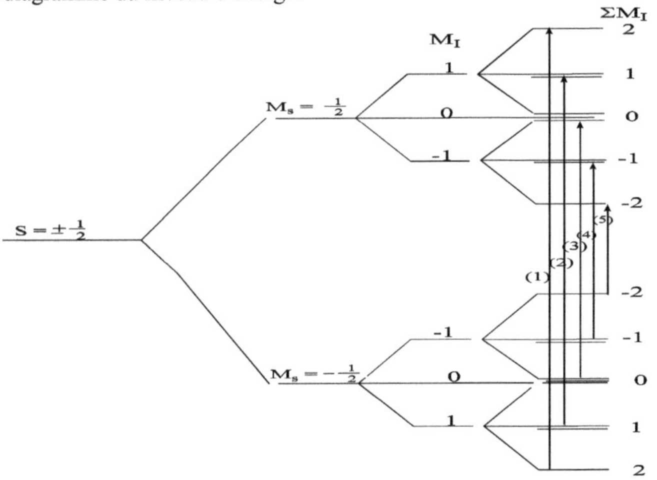

(Les lignes verticales notées devant ou à chaque niveau de la manière inorganique de représenter la dégénérescence)

L'énergie des niveaux individuels

EI = -1/2 gBH -A EVI = 1/2 gBH+A

EII = -1/2 gBH-A/2 EVII = 1/2 gBH+A/2

EIII = -1/2 gBH EVIII= 1/2 gBH

EIV = -1/2 gBH+A/2 EIX= 1/2 gBH-A/2

EV = -1/2 gBH+A EX= 1/2 gBH-A

ΔLes règles de sélection MI = 0 & MS = ΔI donnent 5 transitions autorisées qui sont marquées par (1) (2) (3) (4) & (5) dans le diagramme du niveau d'énergie.

L'énergie des transitions peut être déterminée par la différence entre les niveaux d'énergie.

$E_{(1)} = ½\, gBH - A-[-1/2\, gBH + A]$
$= gBH - 2A$
fréquence = $\nu gBH/h - 2A/h$

De la même manière

$E_{(2)} = gBH - A$
$E_{(3)} = gBH$
$E_{(4)} = gBH + A$
$E_{(5)} = gBH + 2A$

On peut le voir à partir des dégénérescences qui sont notées dans le diagramme des niveaux d'énergie, les intensités de pointe suivent le rapport 1:2:3:2:1

Le nombre de pics peut être prédit par le
(2nI + 1) règle
Ici, n = 2, et I = 1

Nombre de pics = $(2\times2\times1+1) = 5$

La norme 5 - peak esr de $^{N2\bullet}$ est la suivante

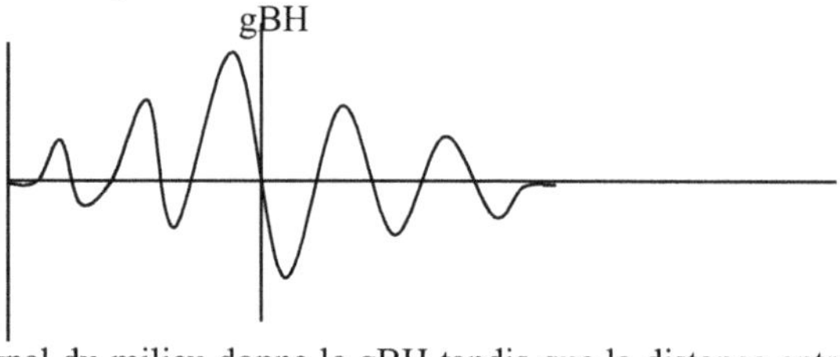

Le signal du milieu donne le gBH tandis que la distance entre deux signaux adjacents donne le HSC (A)

7. Un électron influencé par le noyau de cuivre Cu (II)

Cu(II) est un boîtier d9 avec un électron non apparié. Cet électron sera influencé par le noyau de Cu qui a le nombre quantique nucléaire I = 3/2 En suivant la règle (2nI +1), on peut prédire (2×1×3/2 +1) = 4 signaux dans le spectre esr de Cu(II).

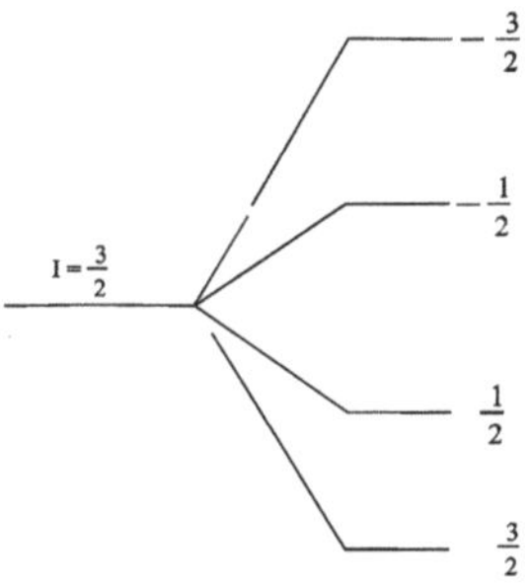

La répartition du niveau d'énergie peut être lue à partir du diagramme du niveau d'énergie qui est donné. Un noyau avec I = 3/2 sera divisé en quatre niveaux M_I en présence d'un mag. Champ tel que donné.

Les règles de sélection pour l'epr suggèrent quatre transitions comme indiqué par les numéros. (1), (2), (3), & (4)

Les énergies des différents niveaux peuvent être déterminées par la formule $E = g\beta HM_S + A(M_I M_{S'})$

C'est pourquoi,

$E_{(I)} = -1/2\ gBH - 3/4A$ $E_{(V)} = 1/2\ gBH - 3/4A$

$E_{(II)} = -1/2\ gBH - A/4$ $E_{(VI)} = 1/2\ gBH - A/4$

$E_{(III)} = -1/2\ gBH - 3/4AE_{(VII)} = -1/2\ gBH + A/4$

$E_{(VI)} = -1/2\ gBH - 3/4A$ $E_{(VIII)} = -1/2\ gBH + 3/4A$

Les énergies des transitions peuvent être déterminées par la différence entre les énergies des niveaux de transition autorisés.

c'est-à-dire l'énergie de transition de (1)

$E_{(1)} = 1/2\ gBH - 3/4A - [-1/2\ gBH + \frac{3}{4}A]$

$= -1/2\ gBH - 3/4A + \frac{1}{2}\ gBH - 3/4A$

$= gBH - 3/2A$ et fréquence $\nu = gBH - 3A/2h$

$E_{(2)} = gBH - A/2E_{(3)} = gBH + A/2$ & $E(4) = gBH + 3/2A2$

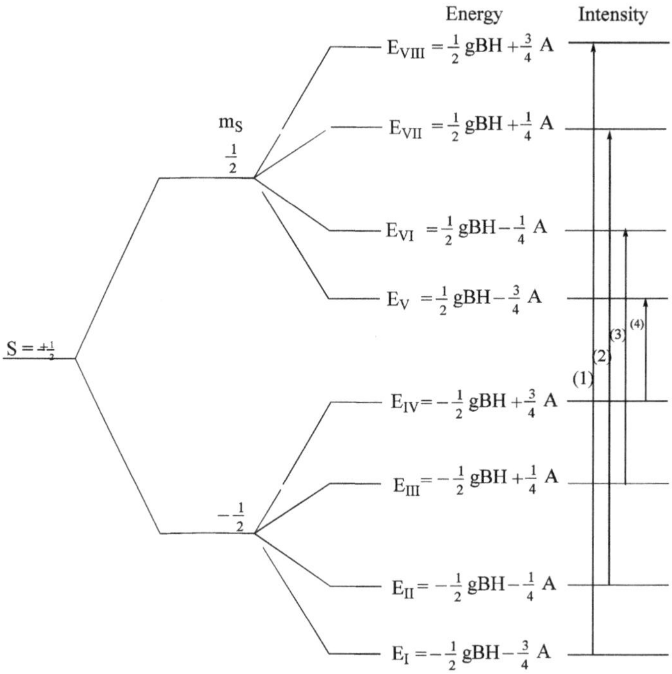

Même si le spectre esr prévu est un spectre clair à quatre pics, pour Cu(II), nous obtenons un spectre complexe. Cette complication est due à la présence naturelle du ^{63}Cu et du ^{65}Cu dans le rapport 2:1, les deux ayant I = 3/2. Le spectre epr de Cu(II) est donc le suivant. Le point central du spectre donne le gBH, tandis que la distance entre deux signaux d'ajustement quelconques donne le HSC, A.

Un modèle de spectre epr de Cu(II) est présenté ci-dessous avec tous les paramètres.

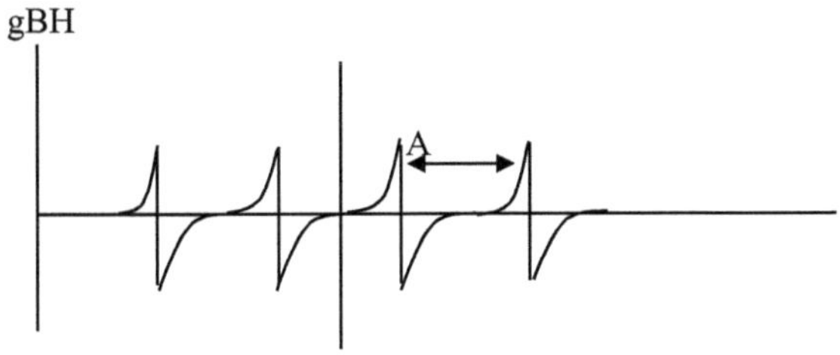
gBH
A

8. Ion Oxovanadium (monomère) (ion VO2+)

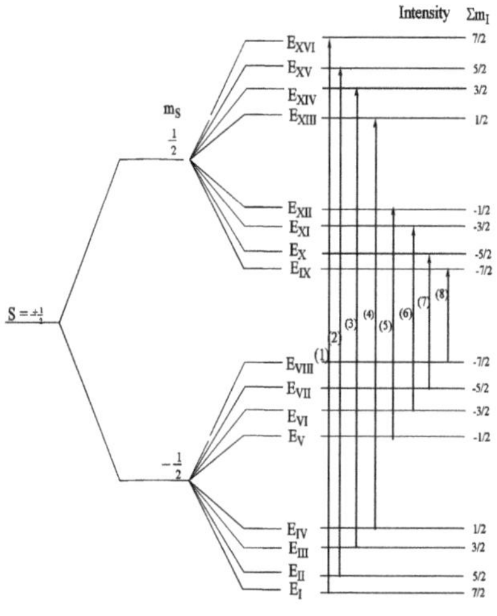

L'ion oxovanadium (IV) 3d1 a I = 7/2 et donc de la règle (2nI +1), nous attendons (2×1×7/2+1) = 8 lignes dans le spectre epr. Le noyau avec I = 7/2 dans un champ magnétique sera divisé en la valeur MI suivante.

Ainsi, le signal EPR unique d'un électron libre est divisé en niveaux hyperfins donnés par le diagramme des niveaux d'énergie.

Les règles de sélection prévoient 8 transitions. Les différents niveaux de fractionnement sont marqués par les numéros grecs et les transitions autorisées par des numéros.

L'énergie des niveaux peut être calculée et est indiquée ci-dessous.

EI = -1/2gBH - 7/4 A	EIX = ½ gBH - 7/4 A
EII = -1/2 gBH - 5/4 A	EX = ½ gBH - 5/4 A
EIII = -1/2 gBH - 3/4 A	EX I = ½ gBH - 3/4 A
EIV = -1/2gBH - 1/4 A	EXII = ½ gBH - 1/4 A
EV = -1/2gBH + 1/4 A	EXIII = ½ gBH + 1/4 A
EVI = -1/2 gBH + 3/4 A	EXIV = ½ gBH +3/4 A
EVII = -1/2 gBH + 5/4 A	EXV = ½ gBH + 5/4 A
EVII I = -1/2 gBH + 7/4 A	EXVI = ½ gBH + 7/4 A

Les énergies des transitions individuelles sont les suivantes.

$E_{(1)} = E_{XVI}$ - EI = 1/2gBH + 7/4 A- [-1/2gBH-7/4A]
= gBH -7/2 A & fréquence = gBH/h ν- 7A/2h
$E_{(2)}$ = gBH-5/2A& = gBH/h-5A/2hν
$E_{(3)}$ = gBH-3/2A& ν = gBH/h-A/2h
$E_{(4)}$ = gBH-1/2A& ν = gBH/h-A/2h
$E_{(5)}$ = gBH+1/2A& ν = gBH/h+A/2h
$E_{(6)}$ = gBH+1/2A& ν = gBH/h+3A/2h
$E_{(7)}$ = gBH+5/2A& ν = gBH/h+5A/2h
$E_{(8)}$ = gBH+7/2A& ν = gBH/h+7A/2h
Ainsi, dans l'epr, huit signaux de même crête seront obtenus.
A et g peuvent être calculés comme d'habitude.

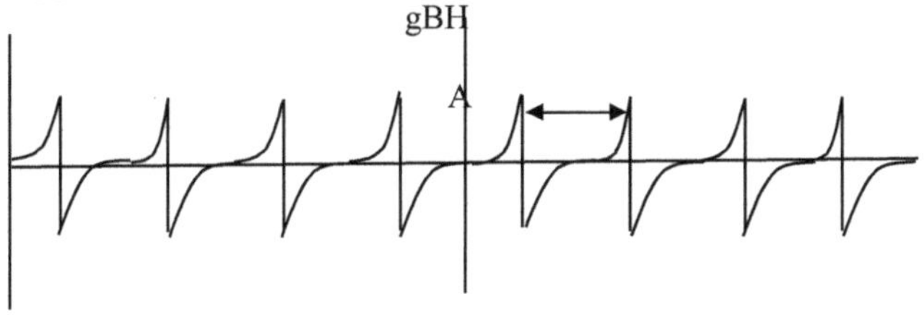

9. Un électron délocalisé sur des noyaux non équivalents.

Si l'électron impair est délocalisé sur un ensemble de noyaux non équivalents, le nombre de raies attendues est le produit du nombre attendu pour chaque ensemble, c'est-à-dire que si Ii & Ij sont les nombres quantiques nucléaires des noyaux non équivalents ayant un nombre de noyaux n et m respectivement, le nombre de pics peut être donné par

$(2nI_i + 1)(2mI_j + 1)$

Les noyaux non équivalents sont de deux types.

(1) Avec les mêmes noyaux mais une position différente
(2) Avec des noyaux différents

Ion naphtalène⁻ [Même noyaux]

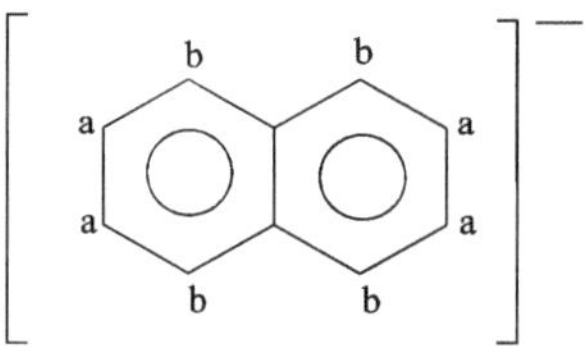

L'ion négatif du naphtalène peut être préparé en ajoutant du sodium au naphtalène. Celui-ci contient un électron impair délocalisé sur l'ensemble du cycle naphtalène. Le naphtalène contient deux ensembles différents de quatre protons équivalents. Un total de (n+1) ou quatre pics sont attendus pour un électron délocalisé sur l'un ou l'autre des ensembles de quatre protons équivalents. Dans l'ion négatif du naphtalène, les deux ensembles de quatre protons équivalents devraient donner un total de vingt-cinq raies dans le spectre esr.

Chaque ligne aura des pics d'intensité dans le rapport du coefficient de $(a+b)^4$ soit ,1:4:6:4:1. Chacune d'entre elles se transforme à nouveau en cinq découpages fins de super hype avec le même rapport d'intensité.

Le diagramme des niveaux d'énergie sera le suivant.

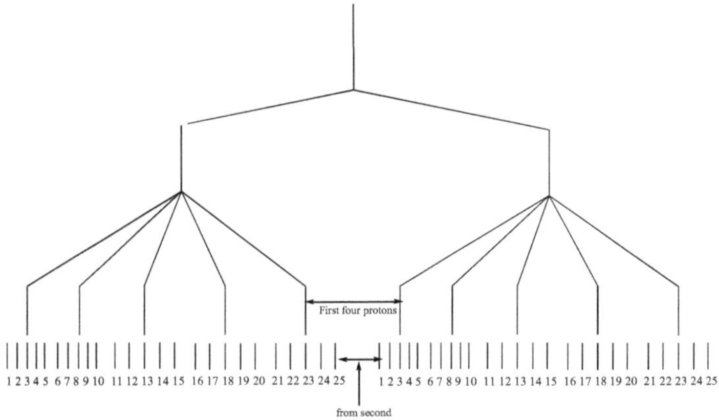

Le spectre epr sera tel que représenté ci-dessous.

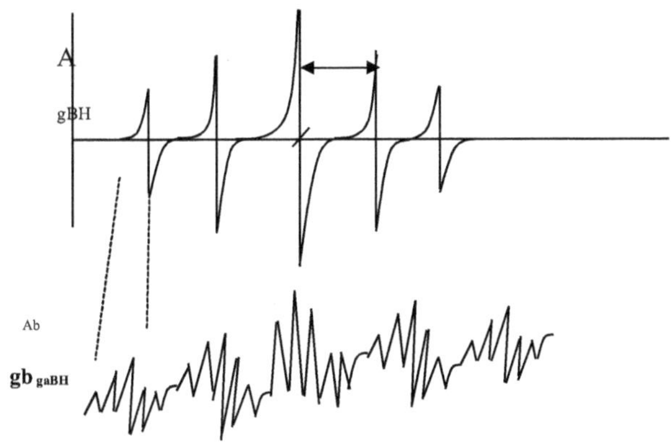

N•H - système [Different Nuclei]

N•H Le spectre contient deux noyaux avec des valeurs I différentes

IN = 1 & IH = ½

IN = 1 et IH = ½ ont été étudiés séparément et les spectres esr de ces systèmes peuvent être donnés ensemble afin d'obtenir une bonne comparaison entre ces deux systèmes.

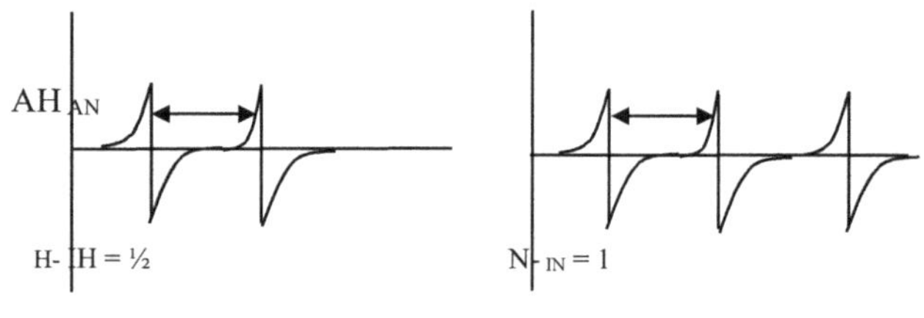

Le diagramme de crête (diagramme de bande) de ces derniers sera donc le suivant

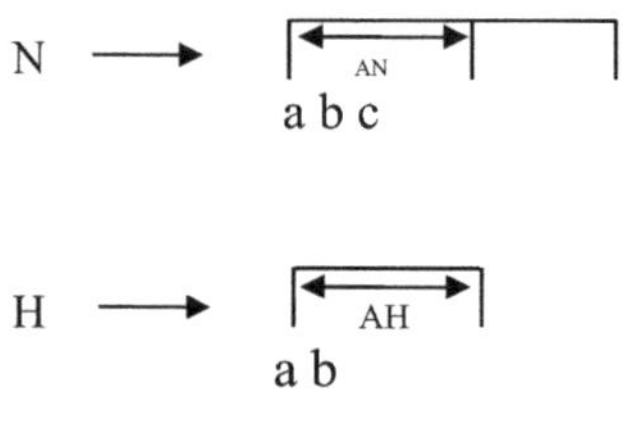

Où (a), (b) et (c) représentent les différentes bandes ou signaux du spectre epr.

Pour le système N•H, trois possibilités peuvent être analysées

1) AN > AH 2) **AH** > AN 3) AN = AH (o ù, A = constante HSC)

1) AN > AH
Ici, la constante de couplage hyperfine de N est plus grande que celle de l'hydrogène. Le diagramme de bande de l'epr du signal d'un tel système peut être représenté comme suit.

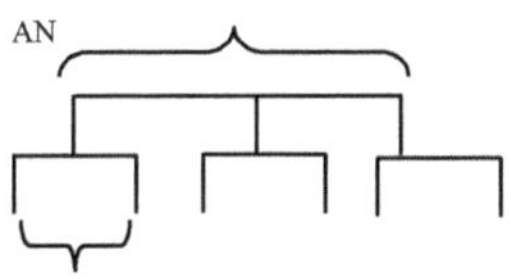

AH

Le N- du système N•H donnera un triplet comme on peut le prévoir à partir de (2nI + 1), c'est-à-dire (2×1×1+1) = 3. Ce triplet a une CSH supérieure à celle de H. Par conséquent, le triplet formé grâce à ce N sera à nouveau divisé comme un triplet influencé par l'atome H-. L'atome d'hydrogène donnera un doublet avec un rapport d'intensités de 1:1. Cela donne une division plus fine et chaque signal dû à l'azote sera à nouveau divisé en doublets. Il en résulte que le spectre de l'epr présente trois signaux doublet comme suit.

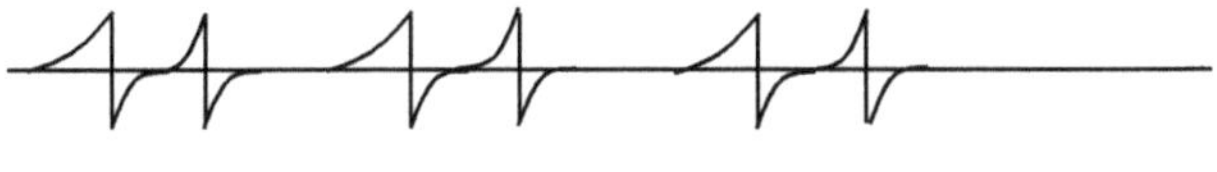

2) AH > AN

Comme dans le cas ci-dessus, nous pouvons formuler le diagramme de la crête de l'epr de ce système comme suit.

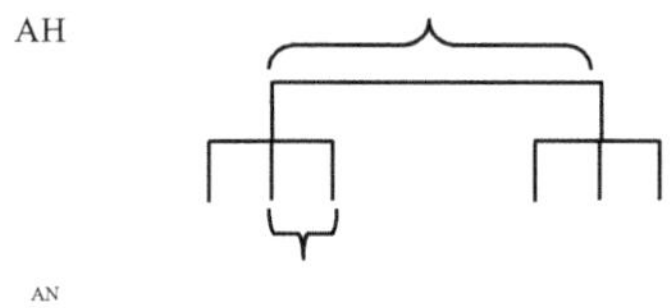

Cela donnera donc un doublet, chaque signal étant divisé en triolets plus fins comme suit.

3)AN = AH

Pour cela aussi, le diagramme du signal epr peut être formulé comme suit. On aurait pu penser à la possibilité d'un hexagone de till inférieur avec la même intensité. Mais ici, en raison d'une dégénérescence accidentelle, le nombre réel de pics est réduit. La dégénérescence peut être d'intensité différente et le système aura donc un epr avec un rapport d'intensité de 1:2 : 2:1.

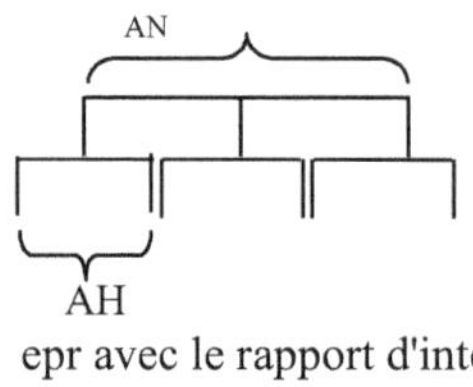

epr avec le rapport d'intensité 1:2 : 2:1 comme suit.

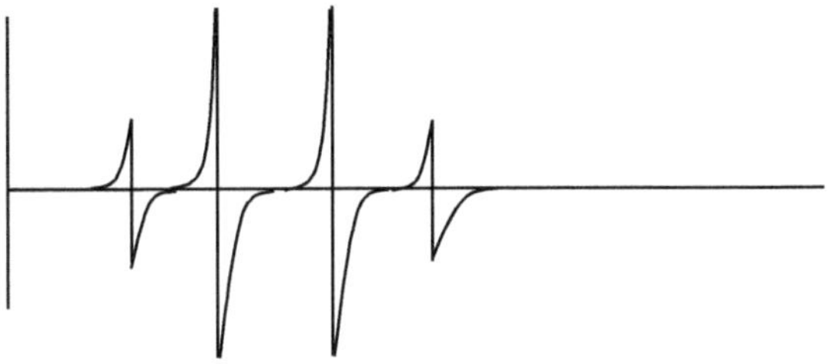

10. N2 ayant deux azotes non équivalents (N-N•)

Les azotes non équivalents auront des valeurs "A" différentes et, par conséquent, le diagramme du niveau d'énergie d'un tel système sera le suivant.

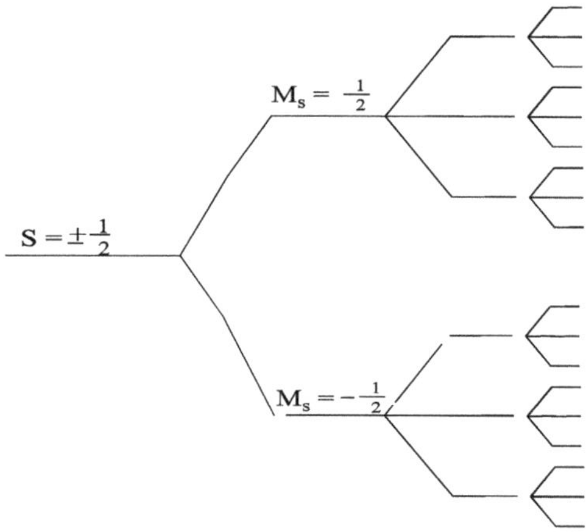

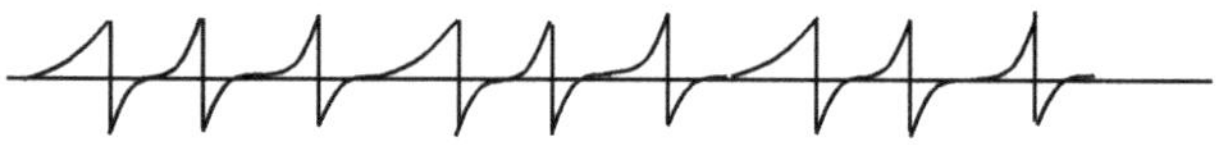

Dans une telle éventualité, on peut donc prévoir 9 signaux. Trois signaux dont chacun est à nouveau divisé en un triplet. Le découpage de la frontière dépend en fait de la différence quantitative entre les valeurs A de trois atomes N. Si la valeur A de l'atome d'azote avec une petite valeur A est telle que celle indiquée ci-dessous, donnant une dégénérescence accidentelle, le spectre de l'epr passera à un avec sept avec sept signaux dans le rapport 1:1:2:1:2:1:1

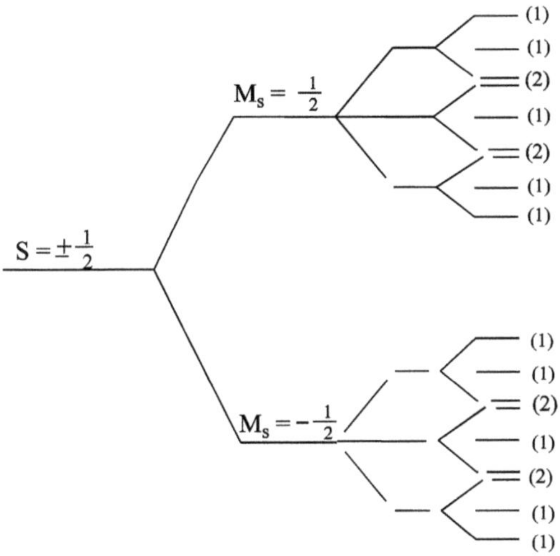

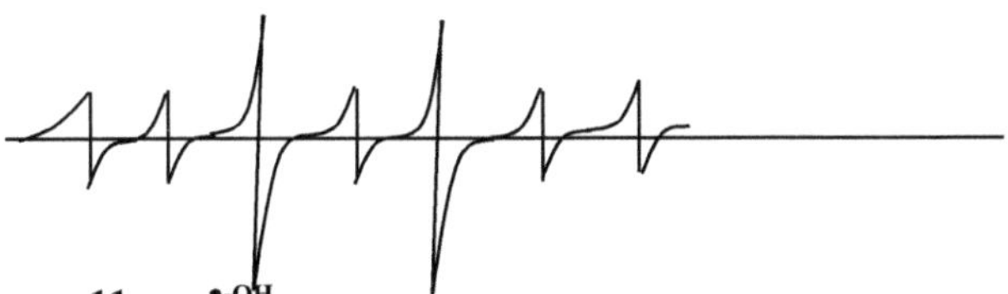

11. $CH_2{}^{\bullet}$-OH

Deux possibilités peuvent être envisagées

a) Deux triplés

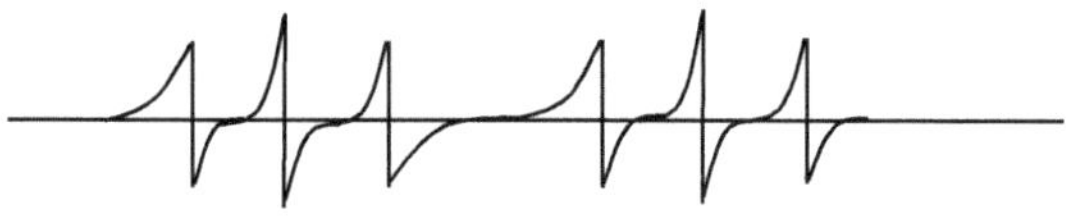

b) Trois doublets

12. $CH_2^{\bullet}-CH_3$

On peut penser ici à la possibilité de 12 lignes comme suit.

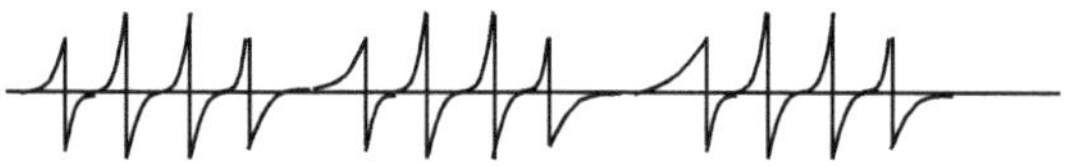

Mais une dégénérescence accidentelle réduit ce nombre à six signaux

13. Diagramme spectral typique d'un epr à symétrie axiale

Complexe Cu(II)

Un complexe axialement symétrique de Cu(II) peut être représenté par un complexe anisotrope CuA4 ou Cu $_{A2B2}$. Ils donnent des motifs d'epr très différents selon leur état, par exemple une solution polycristalline à température ambiante (R.T.) et à L.N.T. etc., dans la bande X et dans la bande Q. Les détails sont les suivants.

1) Polycristallin : Un diagramme typique (ci-dessous) du premier ordre sur la bande X, utilisant 8g v = 9,4 GHZ & H = 3400G, est donné ici. La position de $H_{\|}$ et $H_{\perp}$ qui donnent les valeurs des paramètres$_{\|}$ g et $g_{\perp}$ epr sont indiquées sur le diagramme. Le noyau Cu(II) a I=3/2. De sorte que dans l'environnement anisotrope d'un système tétragonal Cu(II), on s'attend à des bandes de $_{\perp}$quatre $g_{\|}$ et quatre g. Cependant, à l'état solide, en raison de la proximité des atomes paramétriques de Cu(II), il existe de fortes interactions dipolaires entre deux ou plusieurs ions Cu(II) voisins. Les spin Hamiltoniens

$$H = g_{\|}\beta\, H_{\|} + g_{\perp}\beta\, H_{\perp} + A_{\|\,MIMS} + A_{\perp MIMS} + J\, _{S1S2}\Sigma$$

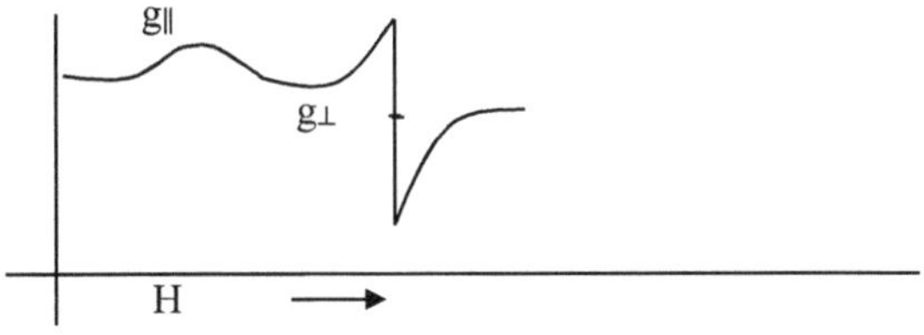

Fig. polycristalline (Cu(II))

Le dernier terme, le dipolaire entre les spins sur les différents ions Cu(II) est très important dans les solides et en marécage d'autres. C'est pourquoi tous les g s'$_{||}$effondrent à un g et, de$_{||}$ même, les quatre $g_{\perp}$ donnent un g, d'$_{\perp}$où la$_{\perp}$ perte de $A_{||}$ et A. La bande Q, dont le pouvoir de résolution est près de quatre fois supérieur à celui de la bande X, indique souvent gx et $_{gy}$ séparément s'il y a ne serait-ce qu'une petite inégalité entre eux. Si la molécule est rhombique (c'est-à-dire x ≠y z≠), le schéma est le suivant Les pics marqués gx , $_{gy}$ et gz sont en fait $_{Ax}$, $_{Ay}$ et $_{Az}$ à partir desquels les tenseurs g correspondants sont calculés à l'aide de l'équation hν = gBH, si le solide est magnétiquement dilué par mélange avec un matériau diamagnétique

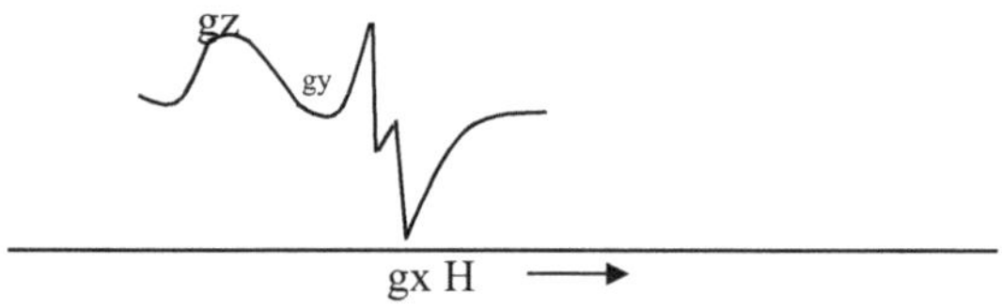

Fig. rhombique (Cu(II))

2) Solution spectre epr à LNT

Au LNT, le solvant est gelé, ce qui fixe le complexe Cu(II), molécule dans toutes les directions possibles. L'interaction dipolaire est éliminée par les molécules diamagnétiques du solvant, de sorte que le spin Hamiltonien n'est que

$$H = g_{||}\beta\, H_{||} + g_{\perp}\beta\, H_{\perp} + A_{||}\,_{IS\,+||}\, A_{\perp IS\perp}$$

Le diagramme epr est présenté dans la figure ci-dessous. Il s'agit d'une courbe typique de dérivée première avec un champ H(Mag. croissant). En raison de I = 3/2, pour Cu (les isotopes 63 et 63 ont tous deux I = 3/2 et se chevauchent dans le spectre),$_{\perp}$ on observe quatre pics de g et$_{||}$ quatre g comme indiqué avec la position avec

$g_{\parallel}$, $A_{\parallel}$,$g_{\perp}$ & $A_{\perp}$ indiquée sur la courbe. L'HSC $A_{\parallel}$ pour Cu(II) est d'environ 200G pour CuO4, 175G pour CuN4, et environ 150G pour les systèmes CuS4, les systèmes CuO2N2, CuN2S2 et CuO2S2 ayant des valeurs intermédiaires . S'il y a une rhombicité dans la molécule, la$_{\perp}$ région g montre $_{gy}$ & gx séparément ; souvent g chevauche$_{\perp}$ g . Dans ce cas, il faut faire attention à la localisation des g &A. La bande Q représente $g_{\parallel}$ et $g_{\perp}$ complètement et est donc d'une grande utilité.
Le spectre LNT peut souvent montrer une division super hyperfine g due aux ligands. Pour le système Cu-N4, neuf pics (2nI+1) sont observés sur la première$_{\parallel}$ bande g (région de basse énergie) et parfois même sur la deuxième$_{\parallel}$ bande g. Deux azotes donneraient cinq pics. Ce fractionnement donne la valeur de $_{AN}$ etc.

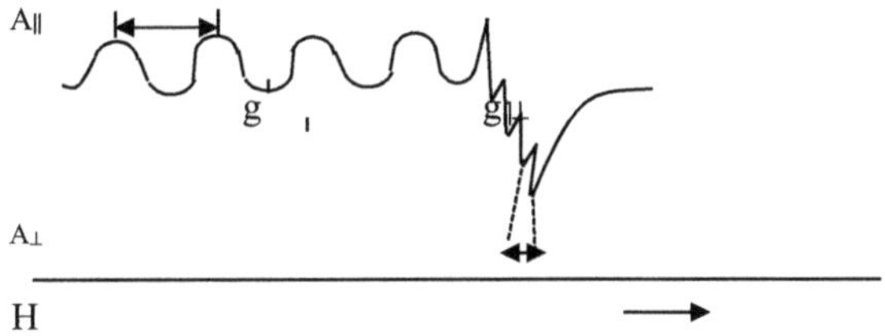

Figure. Spectre de l'epr LNT Cu(II)

3) Solution spectre epr à la R.T.

La solution de la R.T. permet de faire tomber les molécules et si la vitesse de chute est suffisamment rapide, on fait la moyenne des $g_{||}$ et g de$\perp$ sorte que l'anisotropie ne peut pas être calculée et qu'on obtient seulement un g (giso = g0 = gav.). On obtient donc également A0. On obtient quatre bandes de g comme dans la figure.

Pour la symétrie axiale

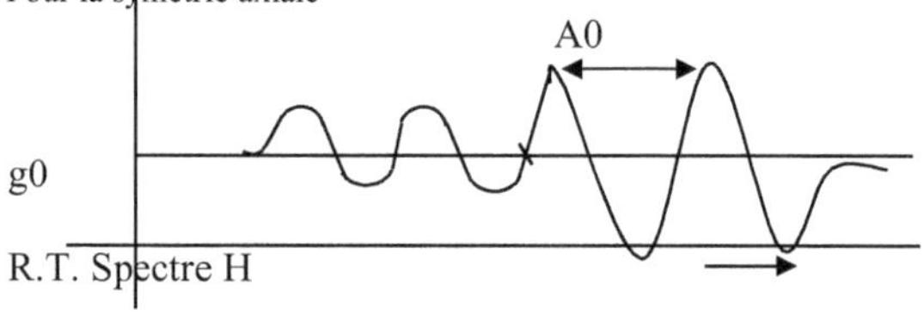

De ces derniers, le dernier groupe montre souvent une fente super hyperfine. Par exemple, un système CuN2O2 donne un motif sur la quatrième bande gav, comme le montre la figure ci-dessous. Le rapport d'intensité des cinq pics dus à la 2N est de 1:2:3:2:1 comme prévu.

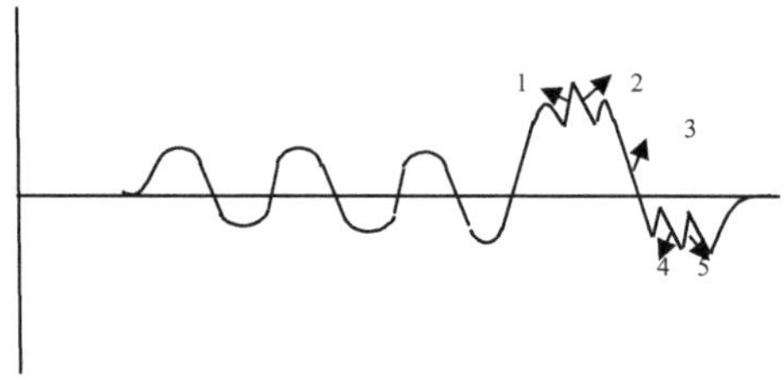

Un solvant labile et une température élevée aident au tumbling et donnent donc une meilleure résolution. Pour éviter une grande absorption de la fréquence des micro-ondes par le solvant, on utilise un tube dont la longueur de trajet est plus petite. Les g et les A obtenus sont liés comme suit

$$g0 = 1/3\ g_{\|} + 2/3\ g_{\perp}$$

$$A0 = 1/3\ A_{\|} + 2/3\ A_{\perp}$$

La pratique habituelle consiste à mesurer $g0_{\|}$ et g et à calculer $g_{\perp}$, de même que pour A0 et $A_{\|}$ qui sont utilisés pour obtenir $A_{\perp}$. Les spectres polycristallins ne sont pas très utiles, à moins d'utiliser des échantillons dilués en les mélangeant avec un matériau diamagnétique. Les complexes isomorphes Zn(II) ou Ni(II) sont utilisés à cette fin lorsque l'influence dipolaire est supprimée et que quatre $_{\|\perp}$bandes g et g sont obtenues. Parfois, les ligands sont utilisés en grand excès comme diluant pour le complexe.

Les études RPE des complexes de Cu(II) sont de plus en plus souvent réalisées sur des systèmes bio-organiques comme les enzymes du cuivre et d'autres métallo-protéines. La connaissance de la méthode d'interprétation de leurs spectres EPR aide grandement à comprendre les structures de ces systèmes naturels sans les isoler.

En outre, si un cristal est disponible, on peut obtenir une foule d'informations sur les paramètres de l'epr. Dans un cristal, le mouvement moléculaire est limité. La valeur g à n'importe quel angle des θaxes z (||axes) est donnée comme

$$g2= g_{\|}^{2}\ \cos2\theta + g_{\perp}^{2}\ \sin2\theta$$

Pour une molécule à symétrie axiale. Le cristal est tourné dans le champ magnétique $g0= g_{\|}$ quand, =0θ° et $g0= g_{\perp}$ quand θ= 90°

Les valeurs g sont affectées par le couplage d'orbite de spin. (λ est l'orbite de spin

Pour les complexes de Cu(II) à symétrie axiale, la constante de couplage g

Les valeurs sont liées au complexe cubique suivant : giλ = 2 - 6r2λ

14. Salicyladimine de cuivre (bis)

Pour le Cu63 isotropiquement pur, on pourrait s'attendre à cinq les bandes du spectre epr comme suit

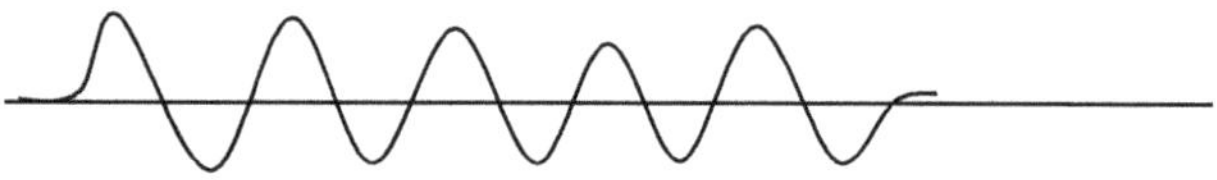

La salicyladimine est un très bon agent complexant (ligand) et forme le complexe bis-salicyladimine Cu(II). Le spectre epr du complexe donne les quatre principaux groupes de raies résultant du couplage du noyau Cu63 (I=3/2) avec l'électron. La structure hyperfine de chacun des quatre groupes consiste en onze pics de rapport d'intensité 1:2:3:4:5:6:5:4:3:2:1

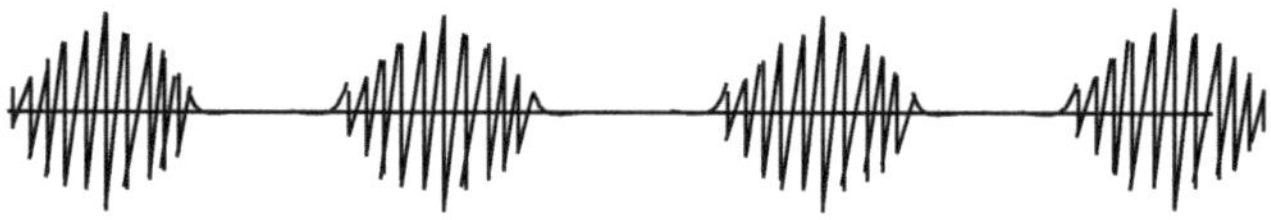

La structure du complexe est la suivante

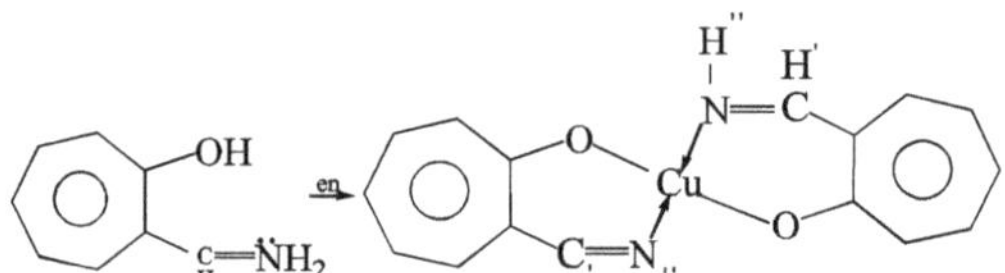

1) On pourrait penser que les deux atomes d'azote ont pu influencer le spectre du Cu. Si les deux atomes d'azote sont égaux, cela

donnerait (2×2×1+1) = 5 pics dans le rapport 1:2:3:2:1. Le rapport des pics est donné par le diagramme des niveaux d'énergie et est dessiné ci-dessous.

AN < **ACu**

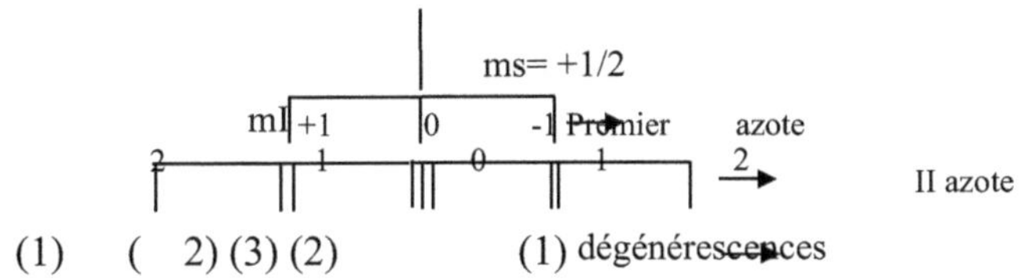

Les deux équivalents d'azote ne donnent que cinq fissures hyperfines.

2) Si les deux atomes d'azote sont différents, cela donnera (2×1×1+1) (2×1×1+1) = 9 pics. Cela n'est pas non plus suffisant pour le spectre complexe

3) Si deux atomes d'hydrogène contribuent au spectre epr, alors l'hydrogène donnera (2×2×1/2+1) = 3 pics propres. Ainsi, au total, les pics seraient (5×3) = 15 ou les pics (9×3) = 27 pour des atomes d'azote égaux et différents respectivement.
4) Si les atomes d'hydrogène étaient également différents, le nombre de pics, serait de (2×1/2+1) (2×1/2+1) = 4 pics d'hydrogène seul.

On pourrait donc obtenir les possibilités suivantes

a) Deux hydrogènes et deux nitrogènes sont différents

Nombre de pics 9×4 = 36

b) Deux hydrogènes sont différents mais les nitrogènes sont alors équivalents,

Nombre de pics 4×5 = 20

c) Deux azotes sont différents, mais les hydrogènes sont équivalents

nombre de pics = 9×3 = 27

d) Deux azotes sont équivalents, deux hydrogènes sont également équivalent puis nombre de pics = 5×3 = 15

Si l'on considère de manière logique, la possibilité maximale d'équivalence peut être vérifiée comme ce qui est donné par d). Mais le nombre réel de fractionnements hyperfins est encore plus faible. Lorsque le C-H' est remplacé par le C-CH3 et que l'on étudie l'epr complexe, seuls cinq pics de dédoublement hyperfin ont été obtenus. Ces cinq pics sont similaires à ceux du système $^{N2\bullet}$\.

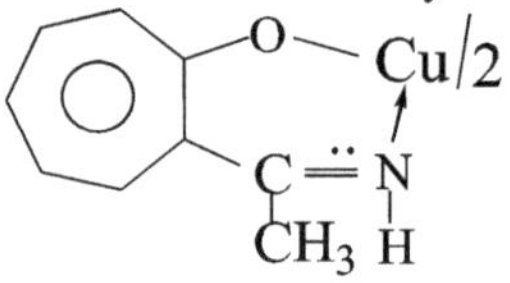

Lorsque le complexe est deutérisé, le nombre de pics reste inchangé

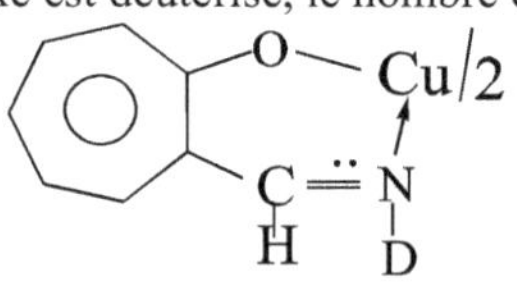

Si l'hydrogène attaché à N était influent, cela pourrait donner 5 (×2×2×1+1) = 5×5 = 25 pics, et pour D, I = 1

Cela signifie que l'atome d'hydrogène attaché à l'atome C - n'a pour effet que de diviser les cinq lignes en onze. Il est à noter que, bien que la deutaration, des groupes comme NH, SH, seront facilement affectés. Cela montre que l'électron libre dans le cas ^{65Cu} (d9) visite non seulement l'azote attaché à l'atome Cu, mais aussi l'atome d'hydrogène attaché à l'atome C- adjacent, c'est-à-dire l'électron impair délocalisé sur le ligand. La réduction réelle des lignes de division est due à une dégénérescence accidentelle, comme expliqué ci-dessous. Lorsque C- H est repavé par C - CH3, le HSC de l'hyperfente est mesuré et il satisfait avec AN. AN = 11,0 G. De même, pour l'aldéhyde, on note l'AH qui est la CSH de la fission hyperfine. Cela donne AH = 5,5, ce qui représente presque la moitié de la CSH de l'azote.

Nous avons donc un système dans lequel AN = 2AH

Le diagramme du niveau d'énergie peut être noyé comme suit.

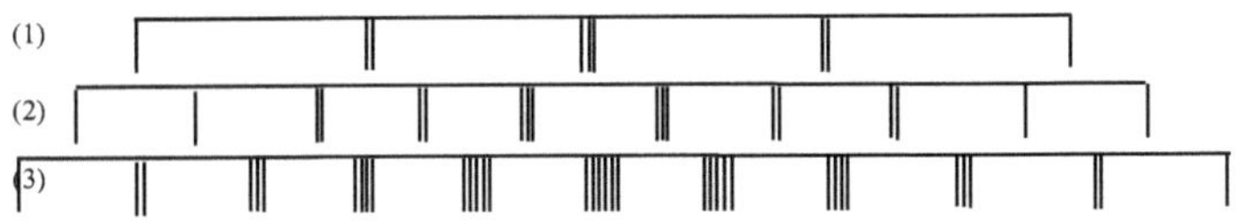

(1) Pour deux atomes d'azote équivalents

(2) L'hydrogène se divise d'abord

(3) L'effet du deuxième atome d'hydrogène

(4)

C'est une deuxième preuve de covalence. Outre la valence des coordonnées entre le M et le ligand, la même nature covalente est également présente dans la liaison. Le complexe est un planaire régulier - du type suivant.

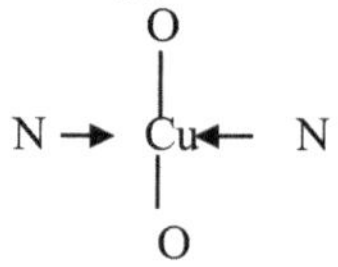

MIX
Papier aus verantwortungsvollen Quellen
Paper from responsible sources
FSC® C105338

Printed by Books on Demand GmbH, Norderstedt / Germany